黄河流域典型区域目标蒸散发的确定及优化配置研究

冯峰　著

中国水利水电出版社
www.waterpub.com.cn

内 容 提 要

本书首先介绍了目标蒸散发的国内外研究现状，对目标蒸散发的定义、内涵和分项指标体系进行了论述；重点阐述了目标蒸散发的定量计算、评估和优化配置方法，以黄河流域典型区域为实例进行了计算和验证；分析了黄河流域典型区域的二期水权转让模式，确定了转让标准；并提出了基于径流与蒸散发融合的水资源管理模式，以及实现这种管理模式的保障措施。

本书可供水文学及水资源、水利工程、农田水利等专业的科研人员、大学教师、高年级本科生和研究生，以及从事水资源规划、管理、调度工作的技术人员参考使用。

图书在版编目（CIP）数据

黄河流域典型区域目标蒸散发的确定及优化配置研究/冯峰著. -- 北京 : 中国水利水电出版社, 2016.1
ISBN 978-7-5170-3983-9

Ⅰ. ①黄… Ⅱ. ①冯… Ⅲ. ①黄河流域－水资源管理－研究 Ⅳ. ①TV213.4

中国版本图书馆CIP数据核字(2015)第321335号

书　　名	**黄河流域典型区域目标蒸散发的确定及优化配置研究**
作　　者	冯峰　著
出版发行	中国水利水电出版社 （北京市海淀区玉渊潭南路1号D座　100038） 网址：www.waterpub.com.cn E-mail：sales@waterpub.com.cn 电话：(010) 68367658（发行部）
经　　售	北京科水图书销售中心（零售） 电话：(010) 88383994、63202643、68545874 全国各地新华书店和相关出版物销售网点
排　　版	中国水利水电出版社微机排版中心
印　　刷	三河市鑫金马印装有限公司
规　　格	170mm×240mm　16开本　9.5印张　184千字　2插页
版　　次	2016年1月第1版　2016年1月第1次印刷
印　　数	001—800册
定　　价	**45.00元**

前言

黄河流域是我国的政治、经济、文化发展的核心区，同时也是水资源、水环境、水生态问题最为严峻的地区，科学管理、高效配置该区的水资源是实现经济社会可持续发展和国家长治久安的战略性基础问题。传统水资源管理模式的弊端为：一方面，利用国民经济结构和发展速度等资料作出的需水预测受到质疑；另一方面，传统的以供需平衡为主导的水资源配置方法强调以需定供，突出了水的社会服务功能，忽视了水的生态和环境服务功能，造成了河道干涸、湿地萎缩、地下水超采、水体污染等严重后果。传统的水资源管理调控的是供水量和需水量，忽视了水资源的循环转化与消耗，通过节水减少需水并不完全等于减少耗水，只有进行了耗水管理才能从本质上实现资源管理。

本书紧密结合实行最严格水资源管理制度建设的需求，针对黄河流域传统水资源管理模式存在的问题，开展黄河流域典型区域目标蒸散发（目标ET）的确定及配置研究，采用“耗水”管理代替“取水”管理的新理念，通过典型区域目标ET的确定和配置，以点带面，探索黄河流域基于目标ET的水资源管理新模式。基于区域目标ET的水资源管理，就是以耗水量控制为基础的水资源管理，其实质是在传统水资源管理的需求侧进行更深层次的调控和管理，是立足于水循环全过程的、基于流域/区域空间尺度的、动态的水资源管理。在现代变化环境下，针对水资源短缺日益严重的形势，立足于水文循环，进行以水资源消耗为核心的水资源管理不仅是非常必要的，而且是非常迫切的，是资源性缺水地区加强水资源管理的必然发展趋势。

探索黄河流域典型区域基于目标ET的水资源管理新模式，将黄河水资源管理和控制范畴从河川径流扩展到流域广义水资源范畴，实现区域河川径流调控和区域ET调控的双重控制，从而提高流域水资源管理调度的整体水平。

本书共由11章构成：第1章介绍了国内外确定目标蒸散发的研究现状以及研究区域背景，并对区域目标ET的计算方法和思路进行了可行性分析；第2章明确了目标ET的定义和内涵，并构建了目标ET的分项指标体系；第3章明确了区域目标ET的定量计算过程、方法和评估指标体系；第4章介绍了黄河典型研究区域的背景，基于ArcGIS的分布式水文模型SWAT（Soil and Water Assessment Tool)，计算天然ET及耕地ET；构建基于地表温度与归一化植被指数的ET遥感估算模型；第5章构建了区域目标ET的计算模型和方法体系，并以黄河典型区域为计算实例进行了计算验证；第6章对引用黄河水灌溉的区域进行了二期水权转让模式的研究，提出了4种新的水权转让模式；第7章针对黄河流域引黄灌区的水权转让的相关补偿标准问题，探讨了水权转让的农业风险补偿、生态实偿、水管单位补偿的内容、计算方法和公式，以内蒙古自治区鄂尔多斯市为实例进行了计算和分析；第8章建立了基于径流与蒸散发(R-ET）融合的黄河流域水资源管理的模式；第9章分析了目标ET的调控重点和措施，建立了基于遗传算法的目标ET的优化配置模型；第10章论证了基于R-ET融合水资源管理的若干保障措施；第11章回顾和总结了本书的所有研究内容，并对下一步要进行的工作进行了展望。

在本书的研究、撰写和出版过程中，许多专家给予了专业的指导和无私的帮助，他们是：大连理工大学水环境研究所所长许士国教授；清华大学水资源研究所所长倪广恒教授；黄河水利科学研究院院长时明立教授、副院长姚文艺教授、总工姜乃迁教授，水资源研究所所长何宏谋教授、总工蒋晓辉教授、董国涛博士；黄河水利职业技术学院院长刘国际教授、副院长王卫东教授、副院长杨士恒教授、教务处处长焦爱萍教授、科研处处长王付全教授、副处长谷立新教授，土木水利学院院长张春满教授，测量工程学院院长陈琳教授，水利工程学院院长罗全胜教授，水资源系主任赵志贡教授，在此深表感谢。同时，感谢黄河水利职业技术学院靳晓颖老师、贾洪涛老师、刘翠老师、汪明霞博士、陈西良博士、徐鹏老师、张鹏飞老师、李忠老师、刘洪波老师、杨毅老师，他们参与了本书的成稿和校对工作。

本书的研究和出版工作得到了国家自然科学基金——河南省人才培养联合基金项目“河流洪水资源利用的生态补偿机理及消纳阈值研究”(U1304503)、河南省教育厅科学技术研究重点项目“黄河流域引黄灌区二期水权转让模式及补偿标准研究”（14A570002)、开封市2014社会发展科技攻关计划“基于多元和模糊的开封市水资源可持续利用技术研究”（1403150）等项目的资助，在此一并致以诚挚的谢意。

由于时间和作者水平所限，本书内容还有待完善和继续深入研究，书中错误和不足之处敬请读者和有关专家给予批评指正。

作　者

2015年5月于开封汴西湖畔

目 录

第1章

绪　论

1.1　引　言

黄河是我国第二大河，是西北、华北地区重要的供水水源，根据流域1919—1975年56年系列资料统计，多年平均天然河川径流量580亿m^3，地下水资源的淡水总量约为377.6亿m^3，可开采且与地表水资源不重复的地下水资源总量约为137.5亿m^3。1987年国务院批准了《黄河可供水量分配方案》，在580亿m^3天然河川径流量中扣除210亿m^3低限输沙水量之后，将370亿m^3可供水量分配到沿黄各省（自治区）。该方案协调了流域各省区之间的用水关系，保证经济社会持续、稳定、协调发展。黄河流域地下水水权到目前为止还未明确分配。

目前黄河水量调度和管理主要依据国务院"八七"分水方案、《黄河水量调度条例》和有关取水许可管理的规定，采取的主要措施包括三个方面：一是实行取水许可总量控制管理，控制省区用水规模；二是对省区年度实际引黄用水实行总量控制；三是对省际断面下泄流量实行控制，确保达到规定的流量指标。以上措施确保了黄河不断流，省界和重要控制断面基流增加，保证了流域特别是河口地区供水安全，改善了部分供水区的人畜饮水条件，促进了当地经济和社会稳定发展。尽管黄河水量调度取得了明显的社会效果、生态环境效果和经济效果，但有些省区的引黄耗水量仍然超过总量控制指标。根据1988—2005年《黄河水资源公报》统计，多年平均引黄耗水总量超国务院"八七"分水方案正常年份指标的有内蒙古、山东两省（自治区），宁夏回族自治区不少年份也超过指标。与统一调度以来的1999—2005年逐年分水指标相比，年均实际引黄耗水总量超年度分水指标的有青海、甘肃、宁夏、内蒙古和山东五省区，其中宁夏、内蒙古年均分别超过分水指标7.29亿m^3和13.86亿m^3。

另外，由于黄河流域地下水水权分配的缺位，使得黄河流域地下水资源的管理几乎空白。黄河流域城市和工矿区需水量越来越大，由于地表水可供水量有限，且地表水取水许可的管理力度不断加大，城市和工矿区需水量逐渐趋向于主要依靠地下水作为供水水源，使得地下水开采量逐年增加，造成严重超采，尤其在工业和城镇生活用水方面，地下水的利用量增加更为迅速。据统计，黄河流域1980—2005年的25年间，地下水供水量从93.27亿m^3增加到135.11亿m^3，增加了41.84亿m^3。在黄河流域有些地区，地下水和黄河河川径流联系极其密切，地下水的开采等于在一定程度上袭夺了黄河河川径流，如果加上这部分水量，有些省区可能超出总量控制指标更多。

造成上述局面的根本原因在于目前的水资源管理主要侧重于供水管理，调控的是供水量，忽视了水资源在使用过程中的循环转化与消耗，现实需求呼唤新的水资源管理模式。

ET（evapotranspiration）即蒸发、蒸腾，其物理意义是指水分从地球表面移向大气的过程，包括土壤与植株表面液态水或固相水的蒸发和植物的蒸腾。区域ET，指区域的"真实"耗水量，是地表水平衡的关键要素。在气候不出现巨变的情况下，区域内的降水相对稳定，因此ET的大小就决定了地表径流输出量。在干旱半干旱地区，随着全球气候变化和人类活动的加剧，ET逐渐增大，导致径流衰减、地下水亏缺，因此，控制ET是节约水资源的根本手段，建立一种以ET管理为核心的新型水资源管理模式成为当务之急。

ET管理，就是以耗水量控制为基础的水资源管理，是资源性缺水地区加强水管理的必然趋势。在GEF海河流域水资源与水环境综合管理项目中，世界银行将ET管理作为项目的核心。世界银行提出ET管理的理念是从2001—2005年实施的利用世行贷款发展节水灌溉项目中的"真实节水"概念发展而来的。海河流域属资源性缺水地区，为解决这一地区的水资源供需矛盾，国家和地方政府投入了一定资金发展节水灌溉。但是，随着节水灌溉面积的扩大和灌溉水利用效率的提高，海河流域地下水超采的局面并没有得到明显改善。由此可以认识到，通过工程措施提高水的利用率主要是减少了取用水量，属工程性节水；而在海河流域这样的资源性缺水地区，更应当关注的是资源性节水，也就是世行提出的"真实节水"，即减少耗水、控制ET。

黄河流域也属于资源性缺水地区，以"耗水"管理替代"取水"管理，控制区域ET有望实现"真实"节水。引入区域ET概念，将黄河水量分配方案从河川径流分配的范畴，扩展到区域广义ET分配范畴，并借助现代遥感技术，实现河川径流调控和区域ET调控双重控制，提高流域水资源管理调度的整体水平。黄河流域ET管理尚属空白，本研究以黄河流域典型耗水区为研究对象，研究基于区域耗水量的水资源调控的关键技术，为黄河流域ET管理的推广提供技术支撑。

1.2 研 究 现 状

1.2.1 国内研究现状

根据ET管理的新理念，从大空间尺度上的流域水资源宏观管理的角度出发，ET的概念也就从传统的狭义ET拓展到了广义ET，即流域/区域的真实耗水量，它既包括传统的自然ET，也包括人类的社会经济耗水量（可称之为人工ET)，是参与水文循环全过程的所有水量的实际消耗[1-4]。据此，广义ET包括以下三个组成部分：

（1）传统意义下的ET，即土壤、水面蒸发以及植被蒸腾。

（2）人类社会在生活、生产中产生的水量蒸发。

（3）工农业生产时，固化在产品中且被运出本流域/区域的水量（称之为“虚拟水”，此部分水量对于本流域或区域而言属于净耗水量)。

目前，国内外有关蒸散发（ET）的研究比较多，从研究的空间尺度上来看，主要包括以下三个方面：在植株微观尺度上，主要集中于对植被吸收、散失水分的生理过程的研究[5-8]；在农田中观尺度上，与植被的具体生长环境相结合，定量研究蒸发蒸腾[9-12]；在区域/流域宏观尺度上，利用分布式水文模拟和遥感反演两种方式来研究大空间尺度范围内的蒸发蒸腾[13-15]。其中，农田中观尺度和区域/流域宏观尺度上的ET的定量研究是实现区域/流域水资源需求侧ET管理的技术支撑。

在农田中观尺度上，近年来国内外学者依据微观植被蒸腾蒸发机理，结合农田微气候条件相继提出了非充分灌溉、调亏灌溉以及控制性根系交替灌溉等诸多农田节水灌溉方式[16-18]，其实质是通过调节农田蒸发蒸腾的方式，实现在粮食不减产或少减产的前提下，减少水资源的供给量，提高水资源的利用效率。这也是大空间尺度上的ET管理的发端之处，为在生产实践中进行蒸发蒸腾量的调控做出了有益的探索，为进一步在流域/区域宏观尺度上研究蒸发蒸腾量的调控措施奠定了基础。

综上所述，分布式水文模型和遥感技术是目前计算大空间尺度上ET值的两种比较成熟的途径，是实施ET管理的基本技术手段。

ET管理的理念是世界银行的专家从2001—2005年实施的利用世界银行贷款发展节水灌溉项目中的“真实节水”的概念发展而来的。大空间尺度上的ET管理理念肇始于GEF海河流域水资源与水环境综合管理项目，其提出的背景是海河流域虽已实施多年的节水灌溉项目，但随着节水灌溉面积的扩大和渠系水利用系数的提高，地下水长期超采、入渤海水量大幅度减少、地面沉降、海水入侵等生态环境恶化问题仍未得到有效缓解[19]。

在区域 ET 管理研究方面，胡明罡等认为 ET 是北京市农业用水最主要的消耗量，利用遥感技术监测 ET 值不仅可以制定合理的区域灌溉用水定额，提高地表水与地下水的监测与管理水平，还可以为政府部门进行流域水资源管理和区域水资源利用规划提供决策依据[20]。梁薇等介绍了 ET 的基本概念和计算方法，并以馆陶县为例，计算了 2002—2004 年该县项目区的 ET 值，并利用 ET 值和年均地下水允许开采量对馆陶县的水资源进行水权分配以实现地下水的可持续利用[21]。赵瑞霞等从海河流域面临的严峻水资源形式入手，把基于 ET 管理的以供定需的水资源配置方式应用于河北省临漳县，实现了区域水资源的可持续发展和利用[22]。

王浩等依据水资源的特性，对土壤水资源进行了重新定义，并结合其动态转化关系，以消耗项——ET 为基础，剖析了土壤水资源的消耗结构和效用，将区域土壤水资源的消耗效用分解为 3 部分：高效消耗（植被蒸腾消耗）、低效消耗（植被的部分棵间蒸发）和无效消耗（裸地和植被的部分棵间蒸发）。此外，还按照是否参与生产，又将高效消耗和低效消耗作为生产性消耗，无效消耗由于其参与水循环而被认为是非生产性消耗，并以黄河流域为例，采用 WEP－L 分布式水文模型，对土壤水资源的消耗效用进行了分析[23]。

汤万龙等从宏观上探讨了一种基于 ET 的水资源管理模式，定性构建了基于 ET 的用水分配以及用水转换模型[4]。王晓燕等以河北省馆陶县为例，通过计算馆陶县的 ET 值，利用 ET 技术进行水权分配，为馆陶县的水资源开发利用和保护提供了理论支持[24]。蒋云钟等基于真实节水理念，提出了基于流域或区域 ET 指标的、以可消耗 ET 分配为核心的水资源合理配置技术框架。该框架以分布式水文模型、多目标分析模型、水资源配置模拟模型等组成的模型体系为支撑，包括了可消耗 ET 计算、可消耗 ET 分配和 ET 分配方案验证等技术流程，围绕 ET 指标进行水平衡分析与分配计算，并以南水北调中线工程实施后北京市水资源的合理配置问题为实例进行了应用研究[25]。

殷会娟等认为基于 ET 的水权转让，内涵就是控制区域真实耗水量，保持水权转让前后区域的净耗水总量不变，转让方出让的水量必须是节约的净耗水量，接收方必须先采取措施降低高耗水 ET[26]。王晶等提出了基于 ET 技术降低蒸腾蒸发以实现节水的理念，并将其应用于河北省馆陶县，提高了水资源利用效率，推动了海河流域资源性缺水地区水资源的可持续利用[27]。李京善等阐述了 ET 分类及其实用的确定方法，针对 ET 管理在农业用水规划和管理中的应用，详细介绍了其应用步骤，并以成安县为例，说明了 ET 管理在资源性缺水地区农田灌溉用水管理中的显著成效[28]。

王浩等针对流域/区域水资源匮乏程度日益严重的情势，立足于水循环全

过程，以水资源在其动态转化过程中的主要消耗——蒸发蒸腾（ET）为出发点，全面论述了在现代水资源管理中开展以ET管理为核心的水资源管理的必要性和可行性，并以黄河流域土壤水资源为研究实例，在采用WEP-L分布式物理水文模型对全流域水循环要素系统模拟的基础上，开展了黄河流域土壤水资源数量和消耗效用分析，结果表明，立足于区域/流域水循环过程，开展以“ET管理”为核心的水资源管理，不仅可以避免水资源的闲置而且也有利于从“真实”节水的角度提高水资源的利用效益，缓解区域/流域水资源的匮乏程度，是对传统水资源需求管理的有益补充[29]。魏飒等2010建立了基于ET理念的水资源平衡关系，分析了项目区可利用水资源量及耗水量（及ET值），得出了不同水平年下的供需平衡结果，为缺水地区的水资源供需平衡提供了一种新的分析依据[30]。

1.2.2 国外研究现状

Tang. Q. 等基于网格的分布式生物水文模型DBHM（Distributed Biosphere Hydrological Model）建立了包含了生物模型SiB2和水文计算部分，进行水循环与能量交换过程的耦合模拟[31-32]。Yang D和Verdin，K. L等建立了基于GIS平台的空间信息库和气象资料，这些是模型的基础数据，其中气象资料包括日降水量、日平均气温、日最高及最低气温、日平均风速、日相对湿度、日照时间以及日云量；空间信息库资料包括DEM（Digital Elevation Model）、河网水系、坡面生成、子流域划分、土壤类型、植被类型、土地利用类型[33-34]。Pfafstetter，O建立了子流域编码的方法，此方法利用DEM生成的水流方向、水流长度、汇流累积量结果，划分子流域，并对其编号[35]。模型中的土壤分类源于国际粮农组织和联合国教科文组织（FAO-UNESCO）的全球土壤分类。Siebert，S. 对土壤湿度、饱和状态土壤张力及土壤孔隙度等土壤的物理参数进行了相应的分析和取值[36]。Wiegand，C. L. 对植被的分布和季节变化利用逐月的植物叶面积指数（Leaf Area Index，LAI）和光合作用有效辐射比（Fraction of Absorbed Photosynthetically Active Radiation，FPAR）来表示，细致地考虑了下垫面植被在大气-土壤之间物质能量循环中的作用[37]。

根据对国内外研究现状的分析，可知研究主要集中在对实际ET的定量计算和利用上，而对于目标ET的定量研究较少。基于目标ET的水资源管理，是针对一定范围（区域）内的综合ET值与当地的可利用水资源量的对比关系，进行水资源分配或对ET进行控制的管理办法，可以有效地克服传统水资源管理模式的弊端。因此，开展对区域目标ET的确定及配置研究，是以“耗水”管理代替“取水”管理的重点和中心，也是要迫切解决的问题。

1.3　研究目标和内容

1.3.1　研究目标

（1）区域目标 ET 的确定方法。结合区域的实际情况，以其水资源条件为基础，以生态环境良性循环为约束，满足经济持续向好发展与和谐社会建设要求，明确目标 ET 的概念、构成及量化方法。

（2）区域目标 ET 的评估和调整。根据计算得到的区域目标 ET，以可持续判断原则、公平性原则和高效原则，对方案进行评估，从而对目标 ET 通过分项进行调整和配置。

（3）区域二期水权转让模式及转让标准研究。针对区域水资源短缺的问题，对宁夏和内蒙古地区的引黄灌区二期水权转让模式进行探讨，提出新的水权转让模式，分析其优势和劣势，判断其可行性，并确定水权转让标准的计算方法。

1.3.2　研究内容

（1）制定计算方案集。目标 ET 的计算需要考虑当地的降水量、入境水量、出境水量、入海水量以及当地水资源的蓄变量，不同水平年的水资源条件、水利及农业技术发展状况、经济社会发展水平等，通过区域水资源配置模型计算生成方案集。

（2）计算区域目标 ET。从黄河流域区域目标 ET 管理的系统环节组成出发，在探讨目标 ET 的基本属性的基础上，提出目标 ET 的定义、内涵及其制定原则，重点分析并构建区域目标 ET 的分项指标体系。分项目标 ET 包括不可控 ET 和可控 ET，不可控 ET 利用分布式水文模型和遥感监测模型互为校验得到；可控 ET 主要包括灌溉耕地 ET 和居工地 ET，灌溉耕地 ET 利用土壤墒情模型和蒸散发模型计算，居工地的工业生活用水 ET 通过定额和耗水率计算。

（3）目标 ET 的评估和调整。用分项综合的方法计算得到的区域目标 ET 结果，通过评估指标体系进行评估和调整，评估时要考虑以下原则：可持续的判断原则、公平性原则、高效的原则。

（4）选择黄河流域的典型区域鄂尔多斯市为研究区域和计算实例，对鄂尔多斯市按照上述环节进行目标 ET 的计算和分配。以点带面，探索黄河流域典型区域的基于目标 ET 的水资源管理新模式，将黄河水资源管理和控制范畴从河川径流扩展到黄河流域广义水资源范畴，实现区域河川径流调控和区域 ET

调控双重控制，从而提高流域水资源管理调度的整体水平。

(5) 对宁夏和内蒙古地区的引黄灌区未来二期水权转让模式进行了探讨，提出四种水权转让模式：现代农业节水水权转让、跨地市水权转让、国家投资节水项目水权转让、扬黄灌区水权转让。对以上四种水权转让模式进行可行性分析，在对每种模式的有利条件、不利条件研究的基础上，得出每种模式是否具有可行性的结论。

(6) 针对黄河流域引黄灌区的水权转让的相关补偿标准问题，确定水权转让的农业风险补偿、生态实偿、水管单位补偿的内容、公式和计算方法，以内蒙古自治区鄂尔多斯市引黄灌区的水权转让一期项目为研究区域和计算实例，对其农业风险补偿、生态补偿和水管单位补偿进行计算，从而验证引黄灌区水权转让费用构成中的补偿费用定量计算的准确性。

1.4 研究手段及技术路线

1.4.1 研究手段

(1) 目标 ET 是指在一个特定发展阶段的流域或区域内，以其水资源条件为基础，以生态环境良性循环为约束，满足经济持续向好发展与和谐社会建设要求的可消耗水量。基于目标 ET 的水资源配置用耗水量代替需水量，突出了资源节水理念，是未来水资源管理的发展趋势。目标 ET 的计算需要联合应用水资源配置模型、分布式水文模型、遥感方法和土壤墒情模型等。整个计算过程包括“自上而下、自下而上、评估调整”三个环节。第一环节：自上而下，制定计算方案集；第二环节：自下而上，计算区域目标 ET。第三环节：目标 ET 的评估和调整。选择典型区域鄂尔多斯市为研究实例，按照上述环节进行目标 ET 的计算和分配。

(2) 黄河流域引黄灌区未来二期水权转让模式研究，首先需要分析研究区域一期水权转让的进度和效果，在此基础上，采用国家政策层面分析、优劣势对比分析等方法，对提出四种水权转让模式进行可行性分析，决断每种模式是否具有水权转让可行性。针对黄河流域引黄灌区的水权转让的相关补偿标准问题，采用机会成本法、影子工程法、费用分析法等方法，确定农业风险补偿、生态实偿、水管单位补偿的内容、公式和计算方法，以鄂尔多斯市引黄灌区为计算实例进行验证。

1.4.2 技术路线

黄河流域典型区域目标 ET 的确定及配置研究的技术路线在时间和过程上

大体上分五个阶段：资料搜集和系统分析为初级阶段；目标 ET 分项指标体系构建为第一阶段；目标 ET 定量方法确定为第二阶段；计算实例模型验证为第三阶段；基于目标 ET 理念的黄河流域水资源管理模式建立为第四阶段。这五个阶段前后衔接，依次递近，环环相扣，最后达到本项目的研究目的。

由于目标 ET 的定量计算和分析与所研究黄河流域当地的实施措施、水资源状况、水环境现状、社会经济情况等密切相关，因此需要进行大量翔实的实际调查工作，了解掌握研究区域的相关数据资料。首先，利用现场调查、查阅文献等方式进行资料收集，对国内外研究现状、存在的问题、解决的思路进行分析；然后，用理论分析结合实际区域情况的方法对目标 ET 的分项指标体系进行构建，用基于 Arc View Swat 分布式水文模型、土壤墒情模型等计算黄河流域典型区域的目标 ET，用多目标遗传算法数学模型对基于目标 ET 的水资源进行分配；最后，提出基于 R－ET 融合的水资源管理模式及相应的保障措施。

本书具体的技术路线如图 1.1 所示。

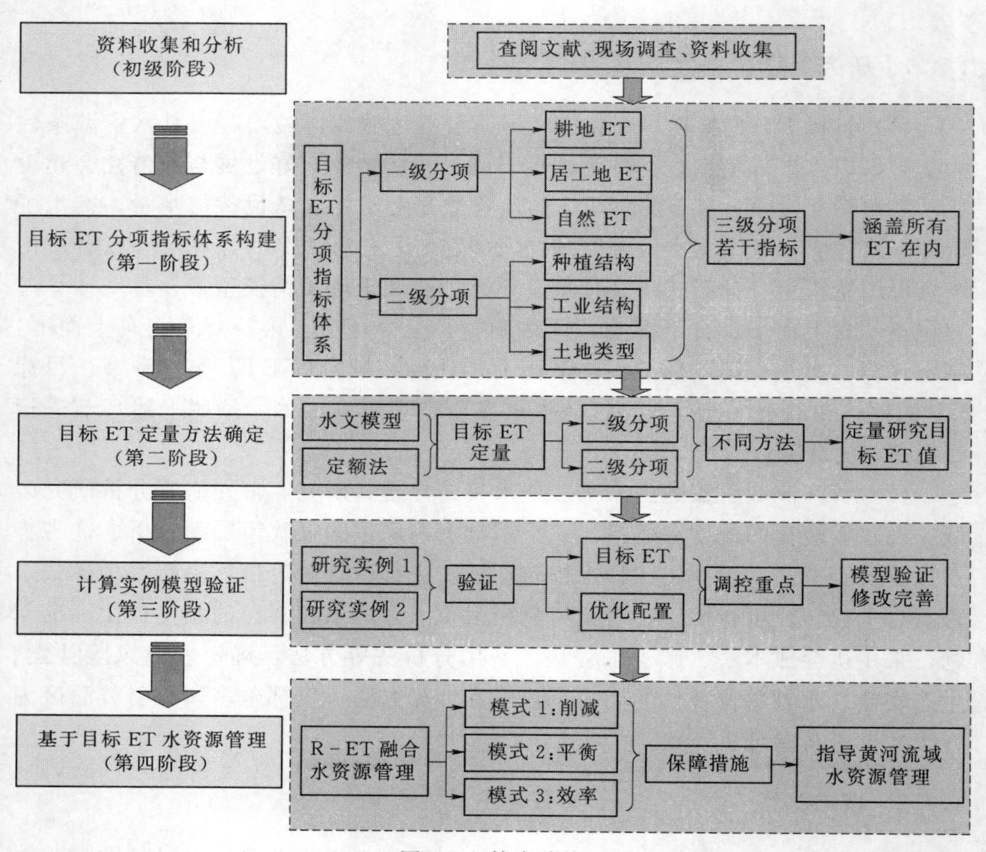

图 1.1　技术路线

1.4.3　本书结构框架

本书内容分为11章，各章节之间的关系及结构框架如图1.2所示。

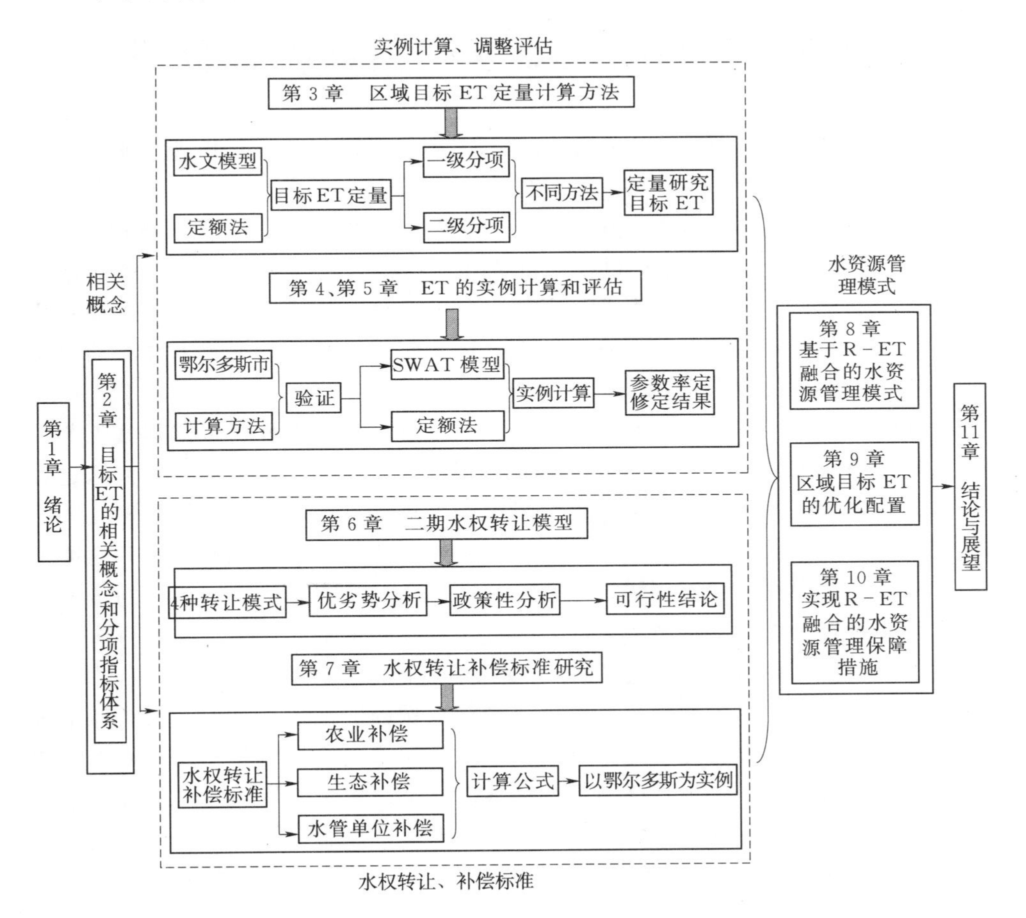

图1.2　章节结构框架图

第2章

目标ET的相关概念和分项指标体系

ET，是英文evapotranspiration的缩写，即蒸发、蒸腾，其物理意义是指水分从地球表面移向大气的过程，包括土壤、水面与植株表面水的蒸发和植物的蒸腾，是土壤蒸发、水面蒸发和植物蒸腾三者所消耗的水量，单位为mm或m^3。

ET既是复杂的水文循环过程的重要环节之一，也是地表能量平衡的基本组成部分和陆面生态过程的关键参数。除气候条件、土壤因素和地面覆盖物自身特性等自然因素对ET的影响很大以外，实际的ET还取决于人类活动对土地利用类型的改变以及对水文循环过程的改变等。

通过对传统节水灌溉工程所节约水量及过程的深入分析，可知其真正节约的水量是灌溉取用水量在输送环节中不可回收利用的那部分水量，即输送过程中的蒸腾蒸发损耗的水量。若以此为指标来发展灌溉面积，其结果必然是：虽然渠系水利用系数在提高，但节水灌溉面积增加所引起的作物田间ET的增加而导致的水量消耗超过了因采取工程措施而减少了的水量输送过程中的蒸腾蒸发损耗水量，进而使得灌溉系统的整体耗用水量呈增加趋势。因此，只有减少灌溉系统中所有环节的蒸腾蒸发量，节约不可回收的水量，实现资源性节水，才是“真实”节水。推而广之，一个流域或区域内的地表水、土壤水和地下水在一定的条件下可以相互转化，其中蕴藏的水资源只是在赋存形式上发生了变化，水量并未减少，仍可资区域内的经济、社会、生态系统通过各种方式加以利用。由水量平衡方程可知，只有ET才是区域水量的实际减少，属于水资源的净消耗量，是一个区域的真实耗水量，只有减少区域ET值才是真正的节水，是“资源节水”。由此，提出了ET管理的水资源管理新理念[39]。

综上所述，所谓ET管理，就是以耗水量控制为基础的水资源管理，其实质是在传统水资源管理的需求侧进行更深层次的调控和管理，是立足于水循环全过程的、基于流域/区域空间尺度的、动态的水资源管理。在现代变化环境下，针对水资源短缺日益严重的形势，立足于水文循环，进行以水资源消耗为核心的水资源管理不仅是非常必要的，而且是非常迫切的，是资源性缺水地区加强水资源管理的必然发展趋势。

根据ET管理的新理念，从大空间尺度上的流域水资源宏观管理的角度出发，ET的概念也就从传统的狭义ET拓展到了广义ET，即流域/区域的真实耗水量，它既包括传统的自然ET，也包括人类的社会经济耗水量（可称之为

人工ET)，是参与水文循环全过程的所有水量的实际消耗。据此，广义ET包括以下三个组成部分：①传统意义下的ET，即土壤、水面蒸发以及植被蒸腾；②人类社会在生活、生产中产生的水量蒸发；③工农业生产时，固化在产品中且被运出本流域/区域的水量（称之为“虚拟水”，此部分水量对于本流域或区域而言属于净耗水量)[38]。

2.1 ET的相关属性

蒸发蒸腾（ET）是水循环中的重要环节，它不仅通过改变土壤的前期含水量而直接影响产流，也是生态用水和农业节水等应用研究的重要着眼点，因此分析ET的基本属性，对于黄河流域水资源可持续利用的决策与分析具有特别重要的意义。作为水分的消耗项，ET具有有效性、有限性和可控性三大属性。

2.1.1 ET的有效性

ET的有效性是指ET可以维持生命、参与生产和维持生态，具有经济效益、生态效益和社会效益等多种价值和功能。人畜耗水，对于生命的维持具有不可替代的重要作用。农田耗水直接参与生物量的产出过程，直接决定着粮食产量。工业和商饮服务业的耗水，为人类带来巨大的经济效益。林草地等天然植被的耗水在为人类提供木材和牧草等生产资料的同时，还具有调节气候、保持水土等多种作用。河流、湖泊、沼泽等湿地的水分消耗，不仅具有调节径流、美化环境等重要生态作用，而且还具有维持生态系统平衡、保护生物多样性等潜在功能。居工地的截留蒸发具有净化空气与地面、调节温度、美化环境等作用，其蒸发虽然不直接参与碳水化合物的生产，但与人类的生活生产却息息相关，对人类赖以生存的环境具有重要的支持意义。

2.1.2 ET的有限性

ET的有限性是指可供消耗的水分是有限的，水分的利用与消耗量不能大于它的恢复能力，也就是说区域ET消耗不能破坏水资源可循环转化的可再生能力，必须维持地表径流的稳定性、地下水的采补平衡和水循环尺度的稳定性。而人口和生产都在不断地增长，为了避免ET消耗过度而破坏水资源的可再生能力，必须在遵循公平、合理和可持续的原则下，确定区域ET。

区域的水资源可消耗量可以根据水量平衡方程得出

$$\mathrm{ET}=P+I-O-\Delta W \tag{2.1}$$

式中　ET——区域可消耗水量；

P——区域内降雨量；

I——所有入境水量；

O——包括入海水量在内的所有出境水量；

ΔW——区域内的水资源蓄变量，多年平均情况下，区域水资源蓄变量趋于 0。

2.1.3 ET 的可控性

ET 的可控性是指可以通过人工干预措施来影响 ET 的产生及其大小。比如，一般情况下水面蒸发最大，林地蒸发大于草地蒸发，所以可以通过退耕还林、退林还草等调整土地利用类型的措施来在一定程度上控制 ET 的大小。在灌溉农田上，可以通过人工调控水分和改变种植结构等方式来控制灌溉农田的 ET。对于工业和服务业，可以通过改进工艺和减少输水损失等措施来减少 ET。

2.2 目标 ET 的定义和内涵

区域目标 ET 是指在一个特定发展阶段的流域或区域内，以其水资源条件为基础，以生态环境良性循环为约束，满足经济持续向好发展与和谐社会建设要求的可消耗水量[40]。它包含以下三方面的内涵：

（1）以流域或区域水资源条件为基础。所谓的水资源基础条件包括降水量、入境水量、调水量、特定时期的地下水超采量，以及必要的出境水量。

（2）维持生态环境良性循环。必须保证一定的河川径流量与入海水量以便维持河道内生态与河口生态，合理开采区域内地下水，多年平均情况下逐步实现地下水的采补平衡。

（3）满足社会经济的持续向好发展与和谐社会建设的用水要求。不能为改善生态环境而放弃人类最基本的生存需求，必须采取可行的经济技术手段和管理措施，通过提高水资源耗用量的单位产出，实现区域经济社会的可持续发展与和谐社会建设。

综上所述，区域目标 ET 可以理解为在满足粮食不减产、农民不减收、经济不倒退、生态环境不恶化、兼顾上下游与左右岸用水公平的要求下，流域或区域的可消耗水量[39]。

目标 ET 的组成包括：①通常意义下的 ET，即土壤或水面的蒸发以及植被的蒸腾；②人类社会在生活、生产中产生的水量蒸发；③工农业生产时，固化在产品中，且被运出本流域/区域的水量（消耗在本区域的产品水最终变成了 ET）。从耗水平衡的角度来看，区域目标 ET 可以表达如下：

$$ET = ET_O + W_C = P + W_{in} + W_D - W_{out} - W_{sea} - \Delta W \tag{2.2}$$

式中 ET——区域目标 ET；

ET_O——通常意义下的蒸腾蒸发，包括植被 ET、土壤 ET、水面 ET、生产和生活 ET；

W_C——运出本区域的工农业产品中含带的水量；

P——水平年的降水总量；

W_{in}——年入境水量；

W_D——外流域调入水量；

W_{out}——年出境水量；

W_{sea}——年入海水量；

ΔW——当地水资源（包括地表水库、河道槽蓄和地下水）蓄变量，当地水资源量增加为正值，当地水资源量减少为负值。

其示意图如图 2.1 所示。

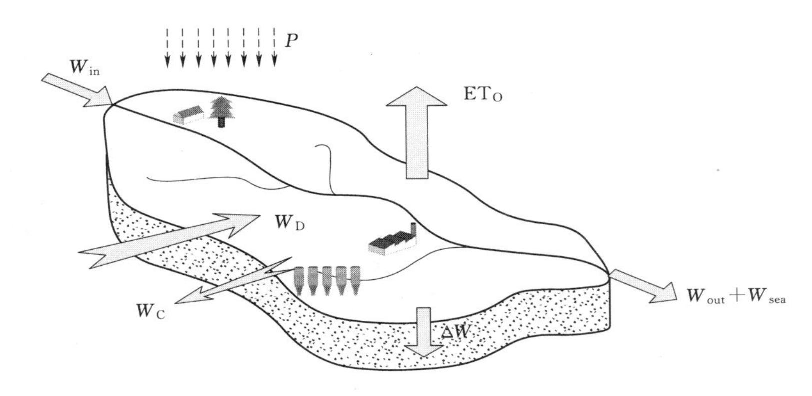

图 2.1 区域目标 ET 的示意图

基于目标 ET 的区域水资源管理是针对一定范围（流域或区域）内的综合 ET 值与当地的可利用水资源量的对比关系，进行水资源的分配或对 ET 进行控制的管理办法。通过提高水资源的利用效率，减少社会水分循环系统中的不可回收水量，使同等水分消耗条件下的生产效率得以大幅度提高，从而达到资源节水的目的；在满足地下水不超采、农民不减收、环境不被破坏的条件下进一步合理分配各部门和各行业的可用水量，通过调整产业结构和应用各种节水新技术和新方法，解决各部门和各行业（包括环境和生态用水）之间的竞争性用水问题，达到整个区域的水量平衡。

由于运出区域的工农业产品中含带的水量相对较小，且调整空间不大，在本文以下的目标 ET 讨论中忽略此项；ET 管理的关键是减小蒸腾蒸发，从而降低区域耗水量。

2.3　目标ET的制定原则

工业、农业要发展，动物、植物要生存，人类还要维持日常生活，这都需要水。生活用水涉及千家万户，工业用水则是国民经济发展的基石，它们对供水水质和保证率的要求比较高；农业用水以灌溉为主，对水质和保证率的要求相对较低。目标 ET 的制定和高效管理必须以当地的水资源现状为基础，以生态经济系统为依托，坚持可持续性、高效性、公平性的原则。

2.3.1　水资源利用现状原则

区域的水资源利用现状是确定目标 ET 的基础。水资源利用现状的集中反映是现状 ET 分布。通过细致的分析可以发现，通常情况下，区域内的相同作物在产量水平相近的条件下，ET 值仍有较大差别。这种差别是由当地的自然环境条件、灌溉工程措施、农业发展水平等因素共同作用的结果，代表了水资源的现状利用效率和利用水平，目标 ET 的制定要以此为基础，逐步调整，不可能一蹴而就，不能制定不切实际的目标。

2.3.2　可持续性原则

可持续性原则包括两个方面，一是要实现区域水资源的可持续利用，二是要保障经济社会可持续发展。区域目标 ET 必须适应当地的水资源条件，保持区域的水土平衡、水盐平衡、水沙平衡、水化学平衡和水生态平衡，在没有区外补水或区外补水较少的条件下，净耗水量要尽可能小于或等于多年平均降水量。在当地水资源利用水平达到承载能力上限而仍然不能保障社会经济可持续发展时，需要考虑实施跨区域调水措施，避免过度引用本地地表水、超采本地地下水。坚持以人为本，树立全面、协调和可持续的发展观，正确处理经济发展同人口、资源、环境的关系，切实进行经济增长方式的转变，实现人与自然的和谐发展。

2.3.3　高效性原则

进行水资源管理或者水资源配置的重要目的之一是实现水资源的高效利用，因此，在制定目标 ET 时，对可持续发展体现在水资源五个层次上的需求，即饮水安全需求、防洪安全需求、粮食生产用水需求、经济发展用水需求和生态环境用水需求。要统筹兼顾，通过各种措施提高参与生活、生产和生态过程的水量及其有效利用程度，增加对降水的直接利用，减少水资源转化过程和用水过程中的无效蒸发，推广一水多用和综合利用，增加单位供水

量对农作物、工业产值和 GDP 的产出，减少水污染，增加有效蒸发。同时遵循市场规律和经济法则，按边际成本最小的原则来安排各类水源的开发利用模式和各类节水措施，力求在各项节流措施、开源措施、开源和节流之间的边际成本大体接近。

具体到黄河流域，因为自然、地理、气候、社会等诸多影响因素的显著不同，上中下游不同地区的灌溉耕地 ET 和城乡居工地 ET 可因地制宜地采用不同的节水标准，陆生植被 ET 和水生植被 ET 考虑上游与下游的需求差异，进而在流域尺度范围上统一调配不同区域的目标 ET，这样可以鼓励地方积极发展节水产业和进行节水改造，使黄河流域内宝贵的水资源得到最有效的利用。

2.3.4 公平性原则

公平性是水资源社会属性的首要特征，公平公正原则的具体实施表现在地区之间、近期和远期之间、用水目标之间、用水人群之间的目标 ET 的公平分配。水是具有生命性的特殊资源，水资源的利用关系到整个人类的生存与发展，公平地保障每个区域的用水权益是十分重要的基本原则。

公平不是平均主义，更应尊重历史与现状。在各地区之间，要统筹全局，合理分配过境水量；近期原则上要不断减少乃至停止对深层承压水的开采，以利用其作为未来的应急水源地；在 ET 目标上，要优先保证最为必要的生态用水项，在此基础上兼顾经济用水和一般生态用水；在用水人群中，要注意提高农村饮水保障程度和保护城市低收入人群的用水需求。

2.4 目标 ET 的分项指标体系

研究区域目标 ET 的构成体系，合理确定各分项目标 ET，是基于 ET 管理的水资源综合管理的基础。

蒸发蒸腾包括天然系统蒸发及人工系统蒸发两部分，天然系统蒸发是指降水直接产生的蒸发量，属于广义水资源的范畴；而人工系统蒸发指“供水—取水—用水—耗水—回归”过程中发生的蒸发，属于狭义水资源的范畴，是和人类活动的用水过程和用水条件紧密相连的[40]。

依据不同的分类标准，又可以将 ET 分为不同分项：基于土地利用分类的不同，可以分为耕地、林地、草地、水域、城乡居工地及未利用土地 ET；基于蒸发机理，可以分为植物冠层截留蒸发、植被蒸腾、植被棵间蒸发、地表截留蒸发、土壤水蒸发、水面蒸发等；基于用水过程，可以分为输水 ET、用水 ET 和排水 ET。根据水资源耗用的效用大小与高低，可以分为无效 ET 和有效

ET、高效 ET 和低效 ET；根据服务对象，可以分为生态 ET 和经济 ET。ET 的具体分类体系如图 2.2 所示。

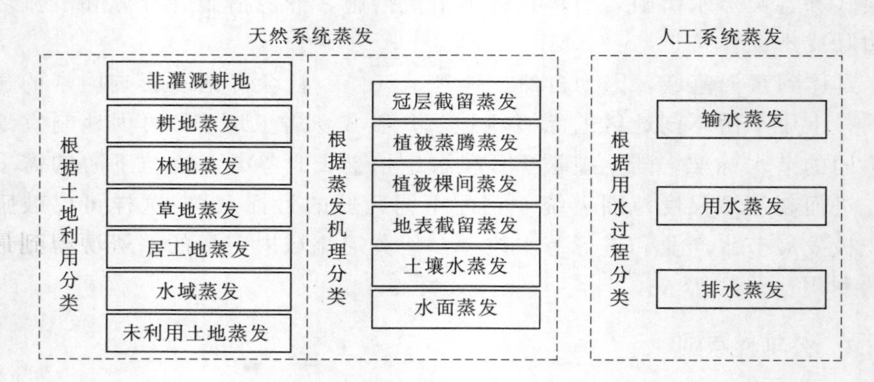

图 2.2　不同标准的 ET 分类图

2.4.1　一级分项

根据下垫面条件，可将区域目标 ET 分为：灌溉耕地 ET_I、居工地 ET_J 和天然 ET_N，其中天然 ET_N 包括非灌溉耕地 ET_{UI}、林地 ET_F、草地 ET_C、水域 ET_W 和未利用土地 ET_U。各分项 ET 见表 2.1。

表 2.1　区域目标 ET 的一级分项及土地利用类型

一级分项		土地利用类型
1. 灌溉耕地 ET_I		水田、旱地
2. 居工地 ET_J		城镇用地、农村居民点、其他建设用地
3. 天然 ET_N	非灌溉耕地 ET_{UI}	无灌溉水源及设施，靠天然降水生长作物的耕地
	林地 ET_F	生长乔木、灌木、竹类以及沿海红树林地等林业用地
	草地 ET_C	以生长草本植物为主、覆盖度在 5%以上的各类草地，包括以牧为主的灌丛草地和郁闭度在 10%以下的疏林草地
	水域 ET_W	河渠、湖泊、水库坑塘、永久性冰川雪地、滩涂、滩地
	未利用土地 ET_U	沙地、戈壁、盐碱地、沼泽地、裸土地、裸岩石砾地

根据土地利用类型可以判断，灌溉耕地 ET_I、非灌溉耕地 ET_{UI}、林地 ET_F 和草地 ET_C 一般包括冠层截留蒸发、植被蒸腾、棵间土壤蒸发和棵间地表截流蒸发；居工地 ET_J 一般表现为不透水面的地表截流蒸发、生产生活耗水和少量的城镇生态耗水；水域 ET_W 表现为水面蒸发；未利用土地 ET_U 一是表现为地表截流蒸发和土壤蒸发。

2.4.2 二级分项

根据种植结构，可以把灌溉耕地ET分为作物1ET、作物2ET、作物3ET等来表示不同的作物如小麦、玉米、大豆、高粱等单类作物ET。根据用户的不同类型，居工地ET可以分为生活ET、工业ET、第三产业ET和城镇生态ET。

2.4.3 三级分项

根据水分来源的不同，单种作物ET又可分为直接利用降水产生的降水ET和人工灌溉补水产生的灌溉ET；生活ET可分为城镇生活ET、农村生活ET。工业ET和第三产业ET可按照各自内部的行业分类标准来设立三级分项指标。

根据水分来源，耕地又可分为灌溉耕地和雨养耕地，其中灌溉耕地ET的水分来源包括天然降水和人工灌溉补水，且种植结构和灌溉制度的调整都会直接影响到灌溉耕地ET，所以灌溉耕地ET是可控的；雨养耕地ET主要来源于所利用的天然降水，属于不可控的ET。对于城乡居工地ET，水分来源包括天然降水和对工业与生活的人工集中供水，工业产业结构和用水习惯等也会对城乡居工地ET的大小产生影响，所以城乡居工地ET是可控的。对于陆生植被ET、水生植被ET和未利用土地ET，水分来源主要是天然降水，没有人工供水，人类活动对它们的直接干扰很小，它们是不可控的ET。城镇生态ET也可根据水分来源分为降水ET和人类向城镇生态供水形成的城镇生态补水ET，其中降水ET包括不透水面上的地表截流蒸发和城镇林草绿化带利用降水形成的ET。对于不可控的ET，只能通过调整土地利用类型来在一定程度上加以控制。简而言之，灌溉耕地ET和城乡居工地ET是目标ET的调控重点，在生产实践中可以落实到灌溉定额管理、工业用水定额管理、第三产业定额管理和生活用水定额管理上来。区域目标ET分项指标的综合体系具体见表2.2。

在我国水资源管理实践中，目前主要实施的是"总量控制，定额管理"。借鉴这一管理思路，为了方便计算和实际实施，并且为了把区域目标ET指标体系有效地与水资源管理实践结合起来，将目标ET按照不同的土地利用类型分为五项：耕地ET、城乡居工地ET、陆生植被ET、水生植被ET和未利用土地ET。其中，耕地ET包括水田、旱地ET；城乡居工地ET包括工业、第三产业、城市生活、农村生活的ET；陆生植被ET包括林地和草地的ET；水生植被ET包括湖泊、沼泽、湿地的ET；未利用土地ET包括沙地、盐碱地、沼泽地、裸土地、裸岩石砾地的ET。各分项ET的可控性属性划分具体见表2.3。

表 2.2　　目标 ET 分项指标的综合体系

综合 ET	分项 ET		
	一级分项	二级分项	三级分项
综合 ET	1. 灌溉耕地 ET	1.1 作物 1ET	1.1.1 降水 ET
			1.1.2 灌溉 ET
		1.2 作物 2ET	1.2.1 降水 ET
			1.2.2 灌溉 ET
		1.3 作物 3ET	1.3.1 降水 ET
			1.3.2 灌溉 ET
		⋮	
	2. 居工地 ET	2.1 生活 ET	2.1.1 城镇生活 ET
			2.1.2 农村生活 ET
		2.2 工业 ET	2.2.1 工业 1ET
			2.2.2 工业 2ET
			2.2.3 工业 3ET
			⋮
		2.3 第三产业 ET	2.3.1 三产 1ET
			2.3.2 三产 2ET
			2.3.3 三产 3ET
			⋮
		2.4 城镇生态 ET	2.4.1 降水 ET
			2.4.2 城镇生态补水 ET
	3. 天然 ET	3.1 非灌溉耕地 ET	
		3.2 林地 ET	
		3.3 草地 ET	
		3.4 水域 ET	
		3.5 未利用土地 ET	

注　生活 ET 为综合生活 ET，城镇生活用水包括居民用水和公共建筑与服务用水，农村生活用水包括农村居民用水和牲畜用水。

表 2.3　　分 项 ET 的 可 控 性

分　项　ET	可　控　性	包　括
1. 耕地 ET		水田、旱地
灌溉耕地 ET	可控	
雨养耕地 ET	不可控	

续表

分项 ET	可控性	包括
2. 城乡居工地 ET	可控	工业、第三产业、城市生活、农村生活
3. 陆生植被 ET	不可控	林地、草地
4. 水生植被 ET	不可控	湖泊、沼泽、湿地、自然水生植被、滩地
5. 未利用土地 ET	不可控	沙地、盐碱地、沼泽地、裸土地、裸岩石砾地

进行分项 ET 分析的目的是为了区分有效与无效 ET、高效与低效 ET 以及生态与经济 ET 等，以达到更好地降低无效或低效 ET 之 ET 管理目的。

所构建和划分的 ET 分项指标体系层次清晰，容易进行协调和聚合。为便于比较，可以将 ET 量除以相对应的土地面积，得到单位面积上的耗水深。

综合 ET 可由一级分项 ET 及其对应的土地利用类型的面积通过加权平均求和而得到，灌溉耕地 ET 可由单种作物 ET 和种植结构通过加权平均求和而得到，而单作物 ET 等于降水产生的 ET 与灌溉产生的 ET 之和。居工地 ET 等于生活 ET、工业 ET、第三产业 ET 和城镇生态 ET 之和，而城镇生态 ET 又可分解为降水 ET 与生态补水 ET。

综合 ET：

$$ET_Z = ET_N + ET_I + ET_J \tag{2.3}$$

式中 ET_Z——区域综合目标 ET；

ET_N——天然 ET；

ET_I——灌溉耕地 ET；

ET_J——居工地 ET。

一级 ET：

$$ET_N = ET_{UI} + ET_F + ET_C + ET_W + ET_U \tag{2.4}$$

$$ET_I = \sum_i ET_i \tag{2.5}$$

$$ET_J = ET_L + ET_G + ET_S + ET_E \tag{2.6}$$

以上式中 ET_{UI}——非灌溉耕地 ET；

ET_F——林地 ET；

ET_C——草地 ET；

ET_W——水域 ET；

ET_U——未利用土地 ET；

i——作物种类；

ET_i——第 i 种作物 ET；

ET_L——生活 ET；

ET_G——工业 ET；

ET_S——第三产业 ET；

ET_E——城镇生态 ET。

二级 ET：

$$ET_i = ET_{Pi} + ET_{Ii} \tag{2.7}$$

$$ET_L = ET_{LU} + ET_{LR} \tag{2.8}$$

$$ET_G = \sum_j ET_{Gj} \tag{2.9}$$

$$ET_S = \sum_p ET_{Sp} \tag{2.10}$$

$$ET_E = ET_{EP} + ET_{EI} \tag{2.11}$$

式中　ET_{Pi}——第 i 种作物直接利用降水形成的降水 ET；

ET_{Ii}——第 i 种作物的灌溉 ET；

ET_{LU}——城镇生活 ET；

ET_{LR}——农村生活 ET；

j——工业行业类别；

ET_{Gj}——工业中第 j 种行业的 ET；

p——第三产业行业类别；

ET_{Sp}——第三产业中的第 p 种行业的 ET；

ET_{EP}——城镇降水 ET；

ET_{EI}——城镇生态补水 ET。

根据上面的分类计算，非灌溉植被 ET、水域 ET、未利用土地 ET 的耗水深就可以反映当地的天然生态情况，居工地 ET 的耗水深可反映当地的城市节水水平。比较二级分项生活 ET、工业 ET、第三产业 ET 和城镇生态 ET 可以看出该地区各用水户耗水的比例。灌溉耕地 ET 的耗水深可以间接表征当地的种植结构和农业总体节水水平，二级分项单种作物 ET 的耗水深可以表征该地区每种作物的耗水水平，三级分项 ET 可以看出作物 ET 耗用天然降水和灌溉水的比例。

总之，通过控制各个分项 ET，可以由下而上地实现区域综合目标 ET 的控制指标，有利于实现区域 ET 管理。

2.5　小　　结

本部分的研究内容主要包括：对目标 ET 的相关属性进行了论述，包括目标 ET 的有效性、有限性及可控性；明确了目标 ET 的定义和内涵，以及目标

ET 的制定原则，包含水资源利用现状的原则、可持续性原则、高效性原则和公平性原则。

对目标 ET 进行了分项指标体系建设：

一级分项根据下垫面条件，可将区域目标 ET 分为灌溉耕地 ET_I、居工地 ET_J、非灌溉耕地 ET_{UI}、林地 ET_F、草地 ET_C、水域 ET_W和未利用土地 ET_U，其中非灌溉耕地 ET_{UI}、林地 ET_F、草地 ET_C、水域 ET_W和未利用土地 ET_U上的人类活动直接干扰很小，可以归为天然 ET_N。

二级分项根据种植结构，可以把灌溉耕地 ET_I 分为小麦 ET、棉花 ET、玉米 ET、水稻 ET、大豆 ET、谷子 ET 等单类作物 ET。根据用户的不同类型，居工地 ET_J 可以分为生活 ET_L、工业 ET_G、第三产业 ET_S 和城镇生态 ET_E。

三级分项根据水分来源的不同，单种作物 ET 又可分为直接利用降水产生的降水 ET_P 和人工灌溉补水产生的灌溉 ET_I；生活 ET_L 可分为城镇生活 ET_{LU}、农村生活 ET_{LR}。工业 ET_G 和第三产业 ET 可按照各自内部的行业分类标准来设立三级分项指标。

第3章

区域目标 ET 定量计算方法

3.1 区域目标 ET 的计算过程

区域目标 ET 的计算需要综合应用分布式水文模型、遥感反演模型、耗水系数法、径流系数法、水资源配置模型等多种模型和方法，如图 3.1 所示。整个计算过程包括“自上而下制定方案集、自下而上计算目标 ET、评估和调整”等三个环节[41]。自上而下，即通过流域层级的水资源配置获得合理的区域水资源配置方案集（包括降水量、入境水量、调水量、地下水超采量、出境水量、入海水量等）；自下而上，即以配置方案集为基础，通过区域各分项 ET 的计算得到不同水资源条件下的单元目标 ET；评估调整是根据目标 ET 的制定原则，对不同方案的目标 ET 进行定性或定量评估，给出区域目标 ET 的推荐方案。

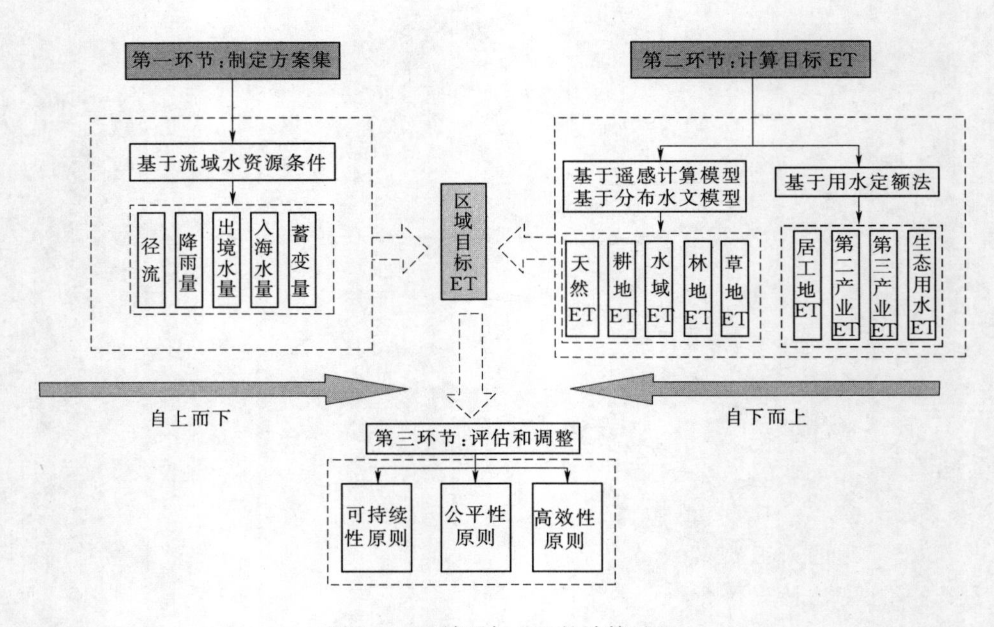

图 3.1 区域目标 ET 的计算过程

3.1.1 第一环节：自上而下制定方案集

目标 ET 的计算需要考虑当地的降水量、入境水量、出境水量、入海水量以及当地水资源的蓄变量，降水量 P 根据计算水平年的降水总量确定；W_{in}、W_D、W_{out}、W_{sea}、ΔW 的确定要充分考虑不同水平年的水资源条件、水利及农业技术发展状况、经济社会发展水平等影响因素，具体可通过区域水资源配置模型来计算生成方案集。

3.1.2 第二环节：自下而上计算目标 ET

自下而上地计算区域目标 ET，首先需要利用行政分区图和土地利用图叠加来划分一级计算单元，使得每个计算单元内只有一个行政单元，只有一种土地利用类型。对于灌溉耕地，根据种植的作物进行二级单元划分，每个二级单元内，只有一种作物（实行套种的算一种作物）。具体的计算方法和模型见 3.2 中的相关内容。

3.1.3 第三环节：目标 ET 的评估和调整

通过分项综合方法计算得到的区域目标 ET 结果需要进行评估和调整，才能推荐给相关的水资源管理部门实施[42]。调整后的目标 ET 仍然需要按 3.3 中的原则和方法进行评估，评估通过的目标 ET 仅仅是通过了广义水资源配置合理性检验，要实际应用，还需要通过水资源配置合理性的检验，即用水资源配置模型进行满足目标 ET 的水量平衡调算，计算通过后才能投入实际应用。

3.2 目标 ET 的分类计算方法

按照目标 ET 的分类指标体系，区域目标 ET 可以区分为不可控 ET 和可控 ET。不可控部分的分项 ET，包括雨养耕地、水域、未利用土地、林地、草地 ET，可控部分的灌溉耕地 ET 可利用分布式水文模型或遥感反演模型来计算。居工地 ET 包括两部分，一部分为天然降水 ET，一部分为人工补水 ET。

居工地的天然降水 ET，可以通过降水总量乘以（$1-r-\sigma$）得到，其中 r 为该区域居工地的平均径流系数，σ 为天然降水回补地下水的比例系数（即回补系数）。

居工地的人工补水 ET，先利用分行业定额法计算居工地的用水总量，再通过耗水率法计算得到。

区域目标 ET 的初值就等于上述各个分项 ET 之和，计算公式为

$$\mathrm{ET}=\mathrm{ET_P}+\mathrm{ET_W}+\mathrm{ET_U}+\mathrm{ET_F}+\mathrm{ET_G}+\mathrm{ET_I}+\mathrm{ET_C} \tag{3.1}$$

其中

$$\text{灌溉耕地 } \mathrm{ET_I}=\sum_{i=1}^{n}\mathrm{ET}_i \mathrm{A}_i \tag{3.2}$$

$$\text{城乡居工地 } \mathrm{ET_J}=\mathrm{ET_{JN}}+\mathrm{ET_{JH}} \tag{3.3}$$

$$\mathrm{ET_{JN}}=P\times(1-r-\sigma),\mathrm{ET_{JH}}=\sum_{j=1}^{m}\mathrm{W}_j \mathrm{B}_j \mathrm{C}_j$$

式中　ET_i——第 i 种作物的 ET；

A_i——第 i 种作物的种植面积，由该区域的种植结构确定；

$\mathrm{ET_{JN}}$——居工地天然降水 ET；

P——天然降水量；

r——该区域居工地的平均径流系数；

σ——天然降水回补地下水比例系数（回补系数）；

$\mathrm{ET_{JH}}$——居工地人工补水 ET；

W_j——第 j 行业的用水定额；

B_j——第 j 行业的用水户数（或生产规模）；

C_j——第 j 行业的耗水率，C_i 与通常意义下的“耗水系数=(1－排水量/取水量）”不同，它综合考虑了工业生活排水回补地下水、工业生产中固化在产品中的“真实水”等因素，因此这里的耗水率的确定比较复杂，也是目标 ET 计算的难点之一。

$\mathrm{ET_P}$、$\mathrm{ET_W}$、$\mathrm{ET_U}$、$\mathrm{ET_F}$、$\mathrm{ET_C}$ 为雨养耕地 ET、水域 ET、未利用土地 ET、林地 ET、草地 ET，可利用分布式水文模型计算，遥感监测模型校核计算结果。

3.2.1　不可控 ET 的计算

雨养耕地 ET、水生 ET、天然植被 ET 和未利用土地 ET，人类对它们的调控很小，对于以耕地为主的区域来说，这些分项 ET 的总和在总 ET 中所占的比重不大，所以计算这些土地利用类型的目标 ET 时，可以利用分布式水文模型和现状下垫面条件，以相同水平年的历史典型降水作为输入，进行区域的水循环过程模拟，统计得到各种不同土地利用类型的 ET。

分布式水文模型的参数在空间上考虑了不同的土地利用类型和下垫面条件，根据各种作物在不同灌溉方式下的灌溉定额以及各计算单元内同一种土地利用类型所占的比重，模型可以计算出各单元内该土地利用类型的分项 ET，以各单元分项 ET 为基础可统计得到区域的非居工地分项 ET。通过分布式水文模型计算得到的 ET 可以利用相同水平年的历史遥感 ET

进行校验，并适当调整，以减少 ET 的计算误差。具体计算时分布式水文模型可以选择 SWAT 模型、WEP（Water and Energy transfer Process）模型或 EasyDHM（Easy Distributed Hydrological Model）模型等，遥感监测模型可以选择 ETWatch 模型或 SEBAL（Surface Energy Balance Algorithm for Land）模型等。

3.2.2 耕地 ET 的计算

灌溉耕地蒸散发量的计算采用土壤墒情模型。灌溉耕地上的 ET 垂直方向上可分为截留蒸发、植被蒸腾和棵间土壤蒸发。采用作物蒸散发模型可用式（3.4）计算出单一作物的 ET_i，目标 ET 计算和调整时采用不同的种植结构，利用式（3.5）可得到不同的灌溉耕地的蒸散发量。

$$ET_i = E_i + E_{tr,i} + E_{ke,i} \tag{3.4}$$

式中 E_i——植被截留蒸发（来自湿润叶面）；

$E_{tr,i}$——植被蒸腾（来自干燥叶面）；

$E_{ke,i}$——棵间土壤蒸腾。

植被蒸腾采用 Penman - Monteith 公式计算。1998 年国际粮农组织（FAO）推荐的 Penman - Monteith 公式[43]既考虑了作物的生理特征，又考虑了空气动力学参数的变化，其具体形式如下：

$$ET_0 = \frac{0.408\Delta(R_n - G) + \gamma \dfrac{900u_2(e_s - e_a)}{T + 273}}{\Delta + \gamma(1 + 0.34u_2)} \tag{3.5}$$

式中 ET_0——参考作物腾发量，mm/d；

Δ——饱和水汽压-温度曲线上的斜率，kPa/℃；

R_n——植物冠层表面净辐射，MJ/(m^2·d)；

G——土壤热通量，MJ/(m^2·d)，逐日计算 $G=0$；

γ——湿度计常数，kPa/℃；

u_2——2m 高处的风速，m/s；

e_s、e_a——饱和水汽压和实际水汽压，kPa；

T——日平均气温，℃。

采用式（3.5）计算逐日 ET_0 时所使用的数据包括测站的高程、纬度、风速测量高度、日最高气温、日最低气温、日平均气温、日平均风速、日平均相对湿度和日照时数等。

3.2.3 居工地 ET 的计算

（1）生活 ET。生活 ET 采用定额法和耗水系数法，即通过制定合理的人均日用水量，结合耗水系数和人口总数来计算生活 ET。生活需水分城镇居民和农村居民两类。计算公式如下：

$$ET_{Lk,m}=k_{k,m}Po_{k,m}w_{k,m}\times 365/1000 \tag{3.6}$$

式中　k——计算单元编号；

m——用户分类序号，例如，可令 $m=1$ 为城镇，$m=2$ 为农村；

$ET_{Lk,m}$——第 k 个计算单元的第 m 类用户的生活 ET，万 m^3；

$Po_{k,m}$——第 k 个计算单元的第 m 类用户的用水人口，万人；

$w_{k,m}$——第 k 个计算单元的第 m 类用户生活用水定额，L/(人·日)；

$k_{k,m}$——第 k 个计算单元的第 m 类用户生活耗水率，城镇生活耗水率一般为 30%，农村生活耗水率一般为 90%。

(2) 工业 ET。工业 ET 采用定额法和耗水系数法计算：

$$ET_{Gk}=\sum_{j}(SeV_{k,j}w_{k,j}k_{k,j})/10000 \tag{3.7}$$

式中　ET_{Gk}——第 k 个计算单元的工业 ET，万 m^3；

j——工业行业数；

$SeV_{k,j}$——第 k 个计算单元的第 j 个工业行业的增加值，万元；

$w_{k,j}$——第 k 个计算单元的第 j 个工业行业的用水定额，m^3/万元；

$k_{k,j}$——第 k 个计算单元的第 j 个工业行业的耗水率。

(3) 第三产业 ET。第三产业 ET 的计算方法同工业 ET 的计算方法：

$$ET_{Sk}=\sum_{p}(SeV_{k,p}w_{k,p}k_{k,p})/10000 \tag{3.8}$$

式中　ET_{Sk}——第 k 个计算单元的三产 ET，万 m^3；

p——三产行业数；

$SeV_{k,p}$——第 k 个计算单元第 p 个三产行业的增加值，万元；

$w_{k,p}$——第 k 个计算单元第 p 个三产行业的用水定额，m^3/万元；

$k_{k,p}$——第 k 个计算单元第 p 个三产行业的耗水率。

(4) 城镇生态 ET。城镇生态 ET 包括降水直接补给和人工补给两部分，采用径流系数法和补水定额法计算城镇生态 ET：

$$ET_{Ek}=P_{Jk}(1-r_{Jk})+h_{Ek}A_{Ek}/10 \tag{3.9}$$

式中　ET_{Ek}——第 k 个计算单元的城镇生态 ET，万 m^3；

P_{Jk}——第 k 个计算单元居工地上的降水量，万 m^3；

r_{Jk}——第 k 个计算单元居工地上的平均径流系数；

A_{Ek}——第 k 个计算单元居工地上的需要人工补水的城镇绿地面积，km^2；

h_{Ek}——第 k 个计算单元居工地上城镇绿地的补水定额，mm。

3.2.4 综合 ET 的计算

计算单元上的 ET 的聚合采用下式计算：

$$ET_{Zk}=ET_{Nk}+ET_{Ik}+ET_{Jk} \tag{3.10}$$

$$ET_{Jk}=ET_{Lk}+ET_{Gk}+ET_{Sk}+ET_{Ek} \tag{3.11}$$

上二式中 ET_{Zk}——第 k 个计算单元的综合 ET；

ET_{Nk}——第 k 个计算单元的天然 ET；

ET_{Ik}——第 k 个计算单元的灌溉耕地 ET；

ET_{Jk}——第 k 个计算单元的居工地 ET；

ET_{Lk}——第 k 个计算单元的生活 ET；

ET_{Gk}——第 k 个计算单元的工业 ET；

ET_{Sk}——第 k 个计算单元的第三产业 ET；

ET_{Ek}——第 k 个计算单元的城镇生态 ET。

用所有计算单元的 ET 进行聚合，可求得整个区域的综合 ET_Z：

$$ET_Z=\sum_k ET_{Zk}=\sum_k ET_{Nk}+ET_{Ik}+ET_{Jk} \tag{3.12}$$

3.3 目标ET的评估方法

3.3.1 目标 ET 的评估方法

对上一章公式（2.2）进行简单变形可得

$$ET=P+W_{in}+W_D-W_{out}-W_{sea}+\Delta W=P+W_D+\Delta W-W_T \tag{3.13}$$

其中

$$W_T=W_{out}+W_{sea}-W_{in}$$

式中 W_T——区域调配水量（不含跨流域调水量），调出为正值，调入为负值。

由式（3.13）可得调配水量的两个计算式：

$$W_T=P-ET+W_D+\Delta W \tag{3.14}$$

$$\sum_i W_T=\sum_i W_{out}+\sum_i W_{sea}-\sum_i W_{in} \tag{3.15}$$

在一个封闭流域中，W_{out} 与 W_{in} 一一对应，因此 $\sum_i W_{out}=\sum_i W_{in}$，于是有

$$\sum_i W_T=\sum_i W_{sea} \tag{3.16}$$

区域目标 ET 的评估主要围绕式（3.13）展开，式中的 P 根据计算水平年的降水总量确定；ET 由分项综合法计算；W_D 根据方案设置的跨流域调水规划在各个计算单元进行分配；ΔW 主要考虑地下水超采量，根据各个区域的现

状超采量进行压缩。由于P、ET、W_D均为已知值，因此地下水超采的压采方案（ΔW的总量及分配）直接决定着区域的W_T，亦即ΔW与W_T是一一对应的。ΔW与W_T能否同时满足目标ET的制定原则，是判断该区域目标ET合理与否的标准。如果目标ET不合理，再根据地下水约束条件，生成地下水压采方案集的集合，进而得到对应的调配水量方案集合，对诸方案集进行评估，根据评估结果对目标ET的合理性进行判断[44]。

区域目标ET管理的一个重要目标就是要实现经济持续向好发展与和谐社会的建设。这说明区域目标ET的设定不仅仅要维持生态环境良性循环，更要满足人类最基本的生存需求，因此粮食不减产、农民不减收是区域目标ET设定以及实施ET管理的基本要求和刚性约束。

农业产量（产值）检验主要是评估规划水平年的目标ET的设定是否合理，是否过分强调了区域水资源的有限性和生态环境的重要性而损害了生活在该区域内的人民群众的基本生存权益。不同的目标ET条件下，农业耗水量不同；根据当前农业技术水平、管理模式，加上作物种植结构调整，粮食产量（产值）可由分布式水文模型计算得出。

农业产量（产值）约束：在规划水平年的水量分配方案下，作物产量是否受到影响，产值可由产量乘以作物价格得到

$$P_{Mi} \geqslant \overline{P}_{stat\_i} \tag{3.17}$$

$$P_M = \sum_{i=1}^{n} P_{Mi} \geqslant \overline{P}_{stat} \tag{3.18}$$

式中　P_{Mi}——作物i的模拟产量，kg；

$\overline{P}_{stat\_i}$——作物i的多年平均统计产量，kg；

P_M——由模型模拟得到的区域总产量，kg；

$\overline{P}_{stat}$——由统计资料得到区域多年平均统计产量，kg。

地下水约束条件：干旱年份时，区域的实测地下水位下降幅度Δh_c小于等于地下水位理论下降幅度Δh_a：

$$\Delta h_c \leqslant \Delta h_a \tag{3.19}$$

$$\Delta h_a = (P_m - P_{dry})/\mu \tag{3.20}$$

式中：P_m——平水年降水量；

P_{dry}——干旱年降水量；

μ——区域地下含水层给水度。

3.3.2　目标ET的评估指标体系

1. 可持续性原则

（1）总量上，区域目标ET不能超过当地水资源可消耗量：

$$ET \leqslant P + W_{\text{in}} + W_{\text{D}} - W_{\text{out}} - W_{\text{sea}} - \Delta W \tag{3.21}$$

(2) 分项上，区域目标 ET 的制定要维持地表径流的稳定性、地下水的采补平衡和水循环尺度的稳定性，不能过度开发地表水和超采地下水，以免引起河道断流、入海水量减少，河口生态恶化、地面沉降等生态环境问题。

在超采严重的地区，要求逐步压采地下水：

$$W_{\text{GT}} < W_{\text{GN}} \tag{3.22}$$

式中 W_{GT}——区域目标 ET 下的地下水开采量；

W_{GN}——现状的地下水开采量。

一般情况下，干旱年份时，区域的实测地下水位下降幅度 Δh_c 小于等于地下水位理论下降幅度 Δh_a，用式 (3.19)、式 (3.20) 计算。

(3) 对于下游部分沿海地区，过度取用地表水导致入海水量锐减。区域目标 ET 的制定须保证一定的入海水量，以维持河口生态平衡。

2. 公平性原则

(1) 自然条件相似的地区之间的单位面积上的目标 ET 应逐步趋近，人均 ET 应逐步趋近。目前主要有两种方法来判断地区之间的公平性：一是极值比法，极值比 k 越大，差异越大，越不公平；二是用标准差 σ 来表示，σ 越小，说明差异越小。

$$k = \frac{\max(x_i)}{\min(x_i)} \tag{3.23}$$

$$\sigma = \sqrt{\frac{\sum_{i=1}^{n}(x_i - \overline{x})^2}{n}} \tag{3.24}$$

(2) 本着可持续发展和公平性原则，需要尽量实现“本地水本地用”，减少跨区域调水和地下水超采，因此区域目标 ET 的制定需要满足调配水量（含地下水超采和跨流域调水量）的绝对值最小的优化目标，目标函数如下：

$$Z = \min \sum_{i=1}^{n}(P_i - \text{ET}_i)^2 \tag{3.25}$$

式中 P_i——单元 i 的平均降水量；

ET_i——单元 i 的区域目标 ET。

同时考虑到山区降水较多，人口稀少，经济不发达，用水效率相对较低；平原区降水相对较少，人口集中，经济发达，用水效率较高；山区向平原区输水主要靠河道自流，成本较低；在同时考虑高效性原则的情况下，一般要求山区目标 ET 小于其降雨量，平原区目标 ET 可适当大于其降水量，即

山丘区：
$$P_i - \text{ET}_i \geqslant 0 \tag{3.26}$$

平原区：
$$P_i - \text{ET}_i \leqslant 0 \tag{3.27}$$

3. 高效性准则

未来水平年的灌溉用水生产效率和工业用水生产效率要比现状年有所提高。灌溉 ET 在合理的范围内逐步减少，农业产量和产值不减少[45]。

(1) 灌溉 ET 生产效率：

$$K_{\mathrm{I}}(k)=\frac{\sum_{i=1}^{n}\left[1500\times(a_{k,i}I_{k,i}^{2}+b_{k,i}I_{k,i}+c_{k,i})\mathrm{pr}_{i}A_{k,i}-1000I_{k,i}A_{k,i}\mathrm{pr}_{\mathrm{w}}\right]}{I_{\mathrm{I}k}} \tag{3.28}$$

式中　$K_{\mathrm{I}}(k)$——第 k 计算单元灌溉耕地上的灌溉 ET 生产效率，元/m³；

i——研究区域作物种类；

k——计算单元分区；

a、b、c——水分生产函数中的系数；

$I_{k,i}$——第 k 计算单元第 i 种作物单位面积上的灌溉水量，mm；

$a_{k,i}I_{k,i}^{2}+b_{k,i}I_{k,i}+c_{k,i}$——水分生产函数，kg/亩；

A——各种作物的面积，km²；

pr_i——各种作物的价格（其中扣掉了生产成本价格，包括化肥、农药、人力等生产资料的费用）；

pr_{w}——灌溉用水的价格；

$I_{\mathrm{I}k}$——第 k 计算单元灌溉耕地的灌溉水量，mm。

(2) 工业、第三产业 ET 生产效率：

$$K_{\mathrm{G}}(k)=\frac{\sum_{j=1}^{n}\mathrm{SeV}_{k,j}}{\mathrm{ET}_{\mathrm{G}k}} \tag{3.29}$$

式中　$K_{\mathrm{G}}(k)$——第 k 计算单元上居工地的工业 ET 生产效率，元/m³；

j——行业种类；

$\mathrm{SeV}_{k,j}$——第 k 计算单元第 j 行业的增加值。

第三产业 ET 生产效率的计算方法与工业 ET 生产效率相同。

4. 尊重历史与现状的原则

制定的地下水压采方案要在现状超采量的基础上逐步压缩，不能一蹴而就；如果评估通过，说明计算的目标 ET 在广义水资源配置上是合理的；如果评估不通过，则需要对目标 ET 进行调整。可调整的分项 ET 主要是可控部分，即灌溉耕地 ET 和居工地人工补水 ET。前者靠改变作物的种植结构以及调整灌溉模式两条途径来实现；后者靠控制供水来实现，通过减少水源供给来促进节约用水和高效用水，减少低效的 ET。当压缩可控部分的分项 ET 无法

满足要求时，可以适当减少不可控部分的分项ET。因为所谓不可控是相对的，天然蒸散发间接受到人工取用水、水土保持、生态治理等的影响，与下垫面条件有很大关系，可以通过改变下垫面条件来影响区域天然ET，也可以通过增加取水量来减少局部地区水分状况，从而减少陆生植被、水生植被、水域等的ET。当调整可控及不可控分项ET均达上限而仍不能满足要求时，就需要考虑实施跨流域调水措施，对原跨流域调水分配方案进行修正。

3.4 小　结

本章讨论了目标ET的计算过程，整个计算过程包括“自上而下、自下而上、评估调整”等三个环节。自上而下，即通过流域层级的水资源配置获得合理的区域水资源配置方案集（包括降水量、入境水量、调水量、地下水超采量、出境水量、入海水量等）；自下而上，即以配置方案集为基础，通过区域各分项ET的计算得到不同水资源条件下的单元目标ET；评估调整是根据目标ET的制定原则，对不同方案的目标ET进行定性或定量评估，给出区域目标ET的推荐方案，各类目标ET的计算方法，及目标ET的评估指标体系和方法。

第4章

典型区域实际 ET 计算

4.1 研究区域背景

4.1.1 地理概况

"鄂尔多斯"为蒙古语，意为"宫帐守卫"。鄂尔多斯市位于内蒙古自治区西南部，地处鄂尔多斯高原腹地，东部、北部和西部分别与呼和浩特市、山西省，包头市、巴彦淖尔市，宁夏回族自治区、阿拉善盟隔河相望；南部与陕西省榆林市接壤；地理坐标为北纬 37°35′24″～40°51′40″，东经 106°42′40″～111°27′20″；东西长约 400km，南北宽约 340km，总面积 86752km²。截至 2008 年 3 月 10 日，全市有户籍人口 141 万，外来人口 44 万。

1. 地形地貌特点

鄂尔多斯市自然地理环境的显著特点是地势起伏不平，地势西北高、东南低，地形复杂，东、北、西三面被黄河环绕，南与黄土高原相连。地貌类型多样，既有芳草如茵的美丽草原，又有开阔坦荡的波状高原。鄂尔多斯市境内五大类型地貌中，平原约占总土地面积的 4.33%，丘陵山区约占 18.91%，波状高原约占 28.81%，毛乌素沙地约占 28.78%，库布齐沙漠约占 19.17%。

2. 土地类型

(1) 北部黄河冲积平原区。该地区总面积约 5000km²，占鄂尔多斯市总土地面积的 6%，分布于杭锦旗、达拉特旗、准格尔旗沿黄河 23 个乡、镇、苏木内。冲积平原区成因和地质构造与整个河套平原相同，同属沉降型的窄长地堑盆地，现代地貌主要是由洪积和黄河挟带的泥沙等物沉积而成。海拔1000～1100m，地势平坦，水热条件极好。该地区土壤类型可分为草甸土、沼泽土、盐碱土、风沙土四个类型，其中以草甸土为主。草甸土是该区土壤中质地与生产性能良好的土壤，是培养稳产高产农田的基础土壤。整个黄河冲积平原区，土壤中有机质的含量在 1%左右，全氮含量 0.05%，速效磷含量 1.2×10^{-5}，速效钾含量 2.28×10^{-4}。目前，该区耕地面积达到 8.67 万 hm²，其中有保证灌溉面积超过 5 万 hm²，1989 年粮食产量达 2 亿 kg。

这一地区的开发潜力很大，前景相当乐观：一是该区内尚有 100 万亩宜耕

地至今未开发，仅达拉特旗就有75万亩宜耕地可供开发；二是开发工程简单，造价低，只要能打井上电，搞好田间管理，每亩投入100元以下资金，当年就是亩产200～250kg粮食的良田；三是水源条件好，无论是黄灌、井灌，都有充足的水源保证；四是在水、肥保证的基础上，应用推广先进的适用科学技术，粮食单产可增长30%～50%；五是当地群众有开发土地、改善生产条件的经验和劲头；六是依靠农业提供的条件，可以充分发展猪牛羊等养殖业和加工业等多种经济。

（2）东部丘陵沟壑区。该区分布于鄂尔多斯市、伊金霍洛旗、准格尔旗和达拉特旗南部，海拔1300～1500m，面积约2.6万km^2，占鄂尔多斯市总土地面积的30%。该区属鄂尔多斯沉降构造盆地的中部，地表侵蚀强烈，冲沟发育，水土流失严重，局部地区基岩裸露，是典型的丘陵沟壑区。土壤种类以栗钙土为主，大多不宜耕作，属宜林宜牧地区，特别适宜发展松柏等价值高的经济林。这一地区特别适宜种植果树，日照充足，水源丰富，受风沙影响小。该区内沿河沟畔也有不少的湿地和人工淤澄地，适于发展粮食生产。

（3）中部库布齐、毛乌素沙区。库布齐、毛乌素两大沙漠位于鄂尔多斯市中部，库布齐沙漠北临黄河平原，呈东西条带状分布。毛乌素沙漠地处鄂尔多斯市腹地，分布于鄂托克旗、鄂托克前旗、伊金霍洛旗部分和乌审旗。两大沙区总面积约3.5万km^2，占鄂尔多斯市总面积的48%左右，其中库布齐沙漠面积约1万km^2、毛乌素沙漠2.5万km^2。这一地区大多为固定半固定沙丘，流动性的新月形沙丘及沙丘链极少。库布齐多为细、中沙，而毛乌素则以中、粗沙为主，地下水赋存条件很好，发展林牧业前景广阔。

（4）西部坡状高原区。该区位于鄂尔多斯市西部，包括鄂托克旗大部和鄂托克前旗、杭锦旗的部分，总面积约2.1万km^2，占鄂尔多斯市总面积的24%以上。该区地势平坦，起伏不大，海拔度1300～1500m；气候较为干旱，降雨稀少，年平均降水量在200mm左右，属典型的半荒漠草原；土壤成分以钙土为主，部分地区也有不少风积沙，植被以野生植物为主，适于发展草原畜牧业。

3. 气候特点

鄂尔多斯属北温带半干旱大陆性气候区，冬夏寒暑变化大，多年平均气温6.2℃，日最高气温38℃，日最低气温－31.4℃；多年平均年降水量348.3mm，降水多集中于7—9月，占全年降水量的70%左右；多年平均蒸发能力为2506.3mm，为降水量的7.2倍，以5—7月为最大。鄂尔多斯全年多盛行西风及北偏西风，年平均风速3.6m/s，最大风速可达22m/s，最大风速的风压0.6kN/m^2。

4.1.2　行政区划

鄂尔多斯市辖8个旗区（见图4.1），其中，旗7个、区1个，总人口162.54万人；设办事处、苏木乡镇58个，其中：镇41个、苏木6个、乡2个、街道办事处9个；嘎查村民委员会744个，其中嘎查委员会167个，村民委员会577个，有社区居委会154个。

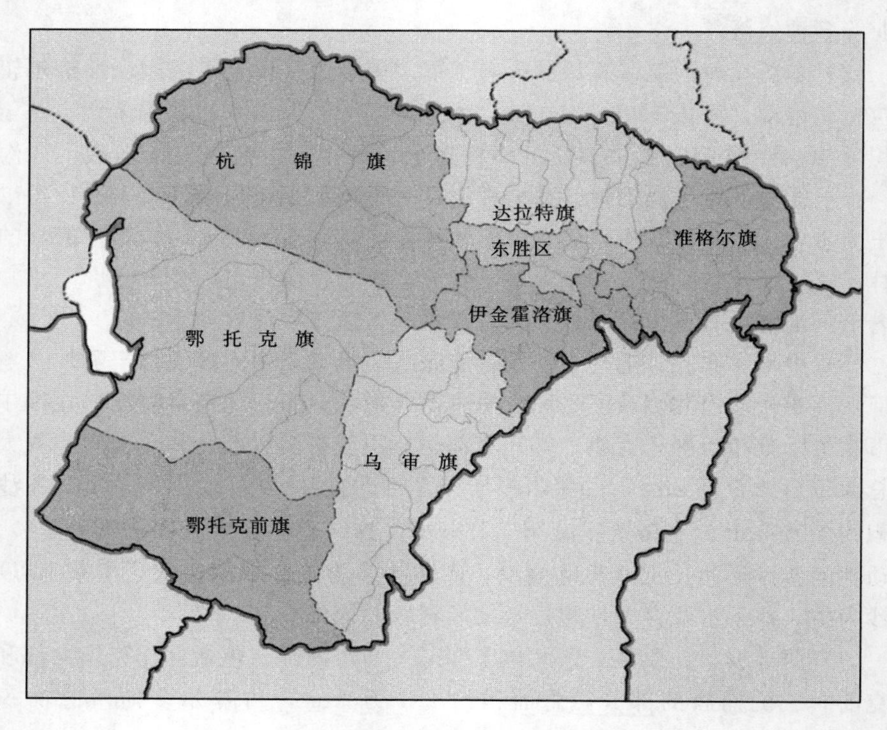

图4.1　鄂尔多斯市行政区划图

表4.1　　**鄂尔多斯市行政面积一览表**

行政区	面积/km²	人口/万人
东胜区	2137	24
达拉特旗	8192	34
准格尔旗	7535	28
鄂托克前旗	12318	7
鄂托克旗	20064	9
杭锦旗	18903	14
乌审旗	11645	10
伊金霍洛旗	5958	15
合计	86752	141

4.1.3 水资源概况

鄂尔多斯市水资源主要由地表水资源、地下水资源和过境水资源三部分组成。地表、地下水资源总量为29.6亿m^3，过境水指标为7亿m^3；地表多年平均径流量为13.1亿m^3，地下水资源总储量为16.5亿m^3，可开采量为14.8亿m^3；水资源人均占有量1922m^3，低于全国、全区平均水平。

1. 地表水资源

降水特征决定了鄂尔多斯市地表水资源年内分布不均匀。全市除无定河、窟野河等少数河川常年有清水流量外，其他河川均属季节性山洪沟，旱季断流无水，汛期则洪峰高、水流急、含沙量大。

全市地表水资源由外流水系和闭流水系组成，地表水资源总量为13.1亿m^3。

(1) 外流水系分布为西、北、东、南四大片：

西部草原区主要有都斯图河，俗称苦水沟，流域面积7882km^2，多年平均年径流量2065万m^3；区内还有一些直接汇入黄河的山洪沟。

北部十大孔兑，总流域面积7387km^2，多年平均年径流量17274万m^3，年输沙量3156万t。

东部黄土丘陵沟壑区主要有皇甫川、窟野河两大水系，流域面积10131km^2，多年平均年径流量60847万m^3，年输沙量11747万t。

南部毛乌素沙漠区主要有无定河，流域面积7459km^2，多年平均年径流量33318万m^3。

(2) 闭流水系主要分布在鄂尔多斯的中西部。西部河流除都斯图河和一些直接汇入黄河的山洪沟外，均属闭流区。闭流区流域面积在100km^2以上的河流有摩林河、红庆河、札萨克河等14条。闭流区面积5.39万km^2，占全市总面积的62%，闭流水系中的河流多年平均年径流量为1.75亿m^3。

2. 地下水资源

全市综合补给地下水资源量为21.0亿m^3，扣除重复计算量4.5亿m^3后，为16.5亿m^3。地下水丰水区主要分布在沿黄冲积平原区、无定河流域及毛乌素沙区腹地一带，可开采量为14.8亿m^3，目前开发利用率达到60%以上。

3. 黄河过境水资源

黄河是鄂尔多斯市唯一的一条过境河流，它由自治区乌海市北端鄂托克旗碱柜镇入境，从西、北、东三面环绕鄂尔多斯高原，于准格尔旗马栅镇出境。河流境内全长728km，据磴口水文站实测资料显示，多年平均过境流量306.2亿m^3，国家、自治区分配给鄂尔多斯市黄河水初始水权为7.0亿m^3。黄河过境水资源是鄂尔多斯市经济社会发展的重要供水水源。

多年来，黄河水主要用于南岸灌区的农牧业灌溉，由于灌溉设施老化失修，渠系水利用系数不足0.4，大部分水资源浪费在输水过程中，而工业项目的实施又没有用水指标。在水利部提出的水权水市场理论的指导下，鄂尔多斯市从2004年开始在南岸自流灌区开展水权转换节水改造工程前期工作。工程从2005年开始实施，到2007年底累计完成投资6.9亿元，转换水量1.3亿m^3/a；衬砌各类渠道1584.69km，其中总干渠133.12km，分干渠32.46km，支渠214.28km，斗农渠1204.83km；配套各级渠道建筑物29764座。工程可为14个重点工业项目提供水源保证，年新增工业产值数百亿元。

鄂尔多斯市地处黄河内蒙古段右岸，西、北、东被黄河环绕，黄河在市境内总长度728km。境内毛乌素沙漠、库布齐沙漠占总面积48%，丘陵区和干旱硬梁区占总面积48%，属典型温带大陆性气候，风大沙多，降水量少且时空分布极不均匀，境内水资源总量29.6亿m^3，人均水资源1920m^3/(a·人)，地均3.41万m^3/(km^2·a)，均低于全国、自治区平均水平，黄河年过境水量306.2亿m^3，分配给鄂尔多斯市的黄河水初始水权为7.0亿m^3。境内十年九旱，水资源匮乏，属于资源性、结构性、工程性缺水的地区。

近年来，随着全市经济的快速发展和工业化、城镇化的推进，水资源的需求急剧增加，加之用水结构不合理，水资源配置不科学，利用效率低，供需矛盾日益突出。为了有效减缓经济发展带来的水资源紧缺压力，从根上解决水资源供求矛盾，鄂尔多斯市政府提出“三化互动水支撑”的指导思想，及时调整工作思路，转移工作重点，在探索与实践中实现了“四个转变”（即水利工作由传统“管理水”向“经营水”转变，水利工作由传统的为农牧业服务为主向为工业、城镇供水和全社会服务为主转变，水利投资由传统的单一投资主体向投资主体多元化转变；水资源的开发利用由粗放型向节约型转变）。全市水利在黄河防御、工业城镇供水、水权转换、现代农牧业节水灌溉、水库建设、牧区水利、人畜饮水等方面取得了重大的突破，逐步建立起与“三化”发展相适应的水资源开发利用体系。

截至2008年9月底，共建成水库82座，总库容41664万m^3；建成塘坝835座，总库容1525万m^3；累计新打机电井79001眼，配套机电井70932眼。全市总灌溉面积483.57万亩，其中农田草牧场灌溉面积424万亩，发展节水灌溉面积210万亩；共解决了57.14万人、300多万头（只）牲畜饮水困难问题，推广实施了农牧民户均“一井、一塔、一园、一窖、一棚”的“五个一”工程模式；建成各类堤防460km，其中二级堤防56km，三级堤防306km，四级堤防8km；治理险工17处，保证了人民群众生命财产的安全。中心城市供水能力达到9.9万m^3/日，保证了中心城市的供水安全。南部引黄供水工程，准旗大路工业园区供水工程，达旗亿利PVC供水工程，鄂旗蒙西工业园区工

程等一大批工业供水工程相继开工建设，确保了工业项目的供水需求。水权转换一期工程全面完成，投资6.9亿元，衬砌各类渠道1500多km，为工业转换水量1.3亿m^3/a；二期水权转换即将启动，数十个工业项目供水将得到保障，年创造产值近千亿元。

4.1.4 选择鄂尔多斯地区作为研究典型区域的原因

（1）黄河流域是目标ET研究的主要区域和对象，但由于黄河流域范围较大，涉及支流较多，因此需要选择一个能够以点代面的典型区域，作为主要研究对象进行深入研究和细致分析。

（2）从气候条件、水文条件、地形条件来考虑，鄂尔多斯地区都具有较明显的代表性，特别是黄河是鄂尔多斯地区唯一的一条过境河流，决定了该地区河流条件较为简单，适合于目标ET计算所需要的河流条件，运行相关的分布式水文模型时对数据的要求比较容易满足。

（3）鄂尔多斯地区有着长期从事实例研究所积累的各种水文、气象、地理等基础数据。

4.2 ET计算采用模型

4.2.1 SWAT模型原理

SWAT模型是Jeff Arnold为美国农业部农业研究所（USUD-ARS）开发的适用于较大流域尺度的水文模型，用于模拟预测在具有多种土壤类型、土地利用和管理条例的复杂大流域里，土地管理措施对水、沙和化学物质的长期影响[46]。SWAT模型是基于物理基础的，不同于采用回归方程来描述输入、输出变量间的关系的传统模型，SWAT要求详细的流域信息，包括水、土壤特性、地形、植被、土地管理措施等，并将物理过程与水循环、泥沙运动、氮循环等结合起来。模型的模拟时段根据需要可分为年、月、日三种。

SWAT模型是典型的具有很强物理机制的半分布式流域水文模型，由701个方程、1013个中间变量组成的综合模型体系，可用来预测在不同的土壤条件、土地利用类型和管理措施下，人类活动对流域水文过程、河道输沙变化、农药化学污染在流域内输移的长期影响。

SWAT模型对水文过程的模拟分为两个部分：陆地水文循环模块（产流和坡面汇流部分）和汇流演算模块（河道和蓄水体汇流部分），前者是有地表、土壤层、地下含水层流向主河道的水量、泥沙量、营养物和农药的水文循环过程，后者是水、泥沙等物质在河网中向流域出口输移的水文循环过程。

SWAT 模型陆面水文循环的主要水文过程有：降水、地表径流、下渗、侧向流、蒸散发和地下水，如图 4.2 所示。降雨首先会被植物冠层截留，截留的水量是覆盖密度和冠层形态的函数，可以用叶面积指数来定义，而大部分降雨会渗入土壤。SWAT 模型将地面以下的水文过程分为 4 层：根系层（0～2m）、非饱和层（2～3.5m）、浅层含水层（3.5～25m）及深层含水层（>25m）。根系层的下渗速度随着土壤含水量的变化而有所不同，当根系层饱和、而其下层非饱和时，水分继续向非饱和层渗透，进而渗入到含水层。土壤层和浅层含水层会出现侧向流（回归流），使一部分土壤或地下水重新汇入河道，从而影响到土壤层和浅层含水层的含水量和河道的径流量。深层地下径流除井水外，均汇入流域外河流[45]。

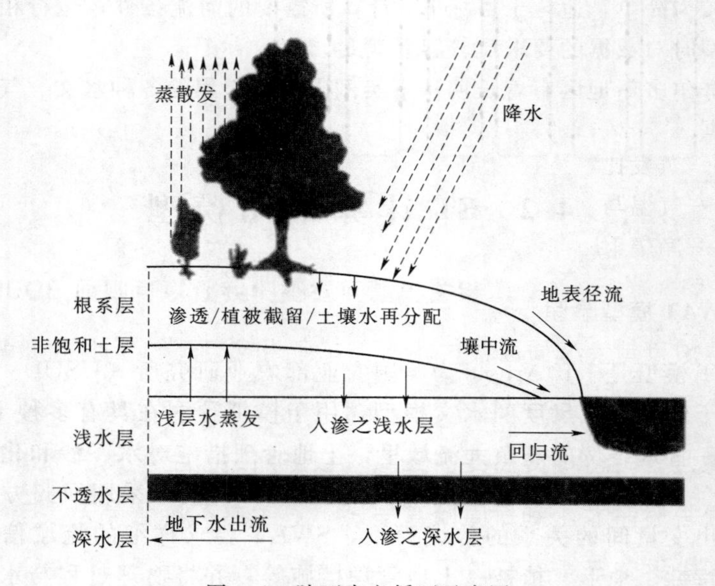

图 4.2　陆面水文循环示意图

4.2.2　蒸散发（ET）模块

在流域水分循环中，蒸散发作为重要的水分输出机制，是决定流域水文效应的关键因素，影响着其他的水分要素及其分布特征（如土壤水分、地表径流、地下渗透等）。Penman - Monteith 方程及其修正过的方程是估算蒸散量的最普遍方法。SWAT 建立了潜在 ET 与土壤含水量和有效水的函数方程来计算实际 ET。模型首先计算出潜在蒸散量，然后分别计算土壤蒸发和植物蒸腾。最大土壤水分蒸发由潜在蒸散量和叶面积指数方程计算，实际土壤水分蒸发考

虑了土层深度和含水量的影响。

1. 潜在蒸散发

SWAT模型有三种方法计算潜在蒸散发：Penman - Monteith法，Priestley - Taylor法和Hargreaves法。如果使用者有用其他方法得到的可能蒸发数据，模型也可以读入日可能蒸发值。三种模拟方法中，Penman - Monteith法需要输入太阳辐射、气温和相对湿度和风速资料，Priestley - Taylor法需要输入太阳辐射、气温、相对湿度资料，而Hargreaves法只需要输入气温资料[48]。

(1) Penman - Monteith法。Penman - Monteith法综合考虑了蒸发所需能量、水分蒸散运动机制和下垫面特征，方程如下：

$$\lambda E=\frac{\Delta(H_{net}-G)+\rho_{air}c_{\rho}\dfrac{e_z^0-e_z}{\gamma_a}}{\Delta+\gamma\left(1+\dfrac{r_c}{r_a}\right)} \tag{4.1}$$

式中 λ——蒸发潜热，MJ/kg；

E——蒸发比，mm/d；

Δ——气温与饱和水汽压关系曲线的斜率，$\Delta=de/dT$，kPa/℃；

H_{net}——净辐射，MJ/(m^2·d)；

G——地面热通量密度，MJ/(m^2·d)；

ρ_{air}——空气密度，kg/m^3；

c_{ρ}——常压下的比热，MJ/(kg·℃)；

e_z^0——高度z处的饱和水汽压，kPa；

e_z——高度z处的实际水汽压，kPa；

γ——湿度常数，kPa/℃；

r_c——植物冠层阻截，s/m；

r_a——大气层漫反射损失（空气动力学损失），s/m。

当植被有充足供水且大气稳定时，可假设风面呈对数形状，这时公式可改写为

$$\lambda E_t=\frac{\Delta(H_{net}-G)+\gamma K_1\left(0.622\lambda\dfrac{\rho_{air}}{P}\right)\dfrac{e_z^0-e_z}{\gamma_a}}{\Delta+\gamma\left(1+\dfrac{r_c}{r_a}\right)} \tag{4.2}$$

式中 E_t——最大蒸散率，mm/d；

K_1——单位换算系数，取值为$K_1=8.64\times10^4$；

P——大气压，kPa。

应用 Penman - Monteith 公式计算蒸发时，最精确的值应是逐小时计算蒸发，将其和作为日蒸发值。不过研究表明，使用日平均参数模拟的蒸发值也是较为可信的，故 SWAT 中采用了日平均值。然而，当研究区内的风速、湿度、净辐射的日内分布变化较大且相互影响时，由于日平均值无法体现日变化，就可能导致重大错误。

（2）Priestley - Taylor 法。Priestley 等在 1972 年提出一个较简单的方程来计算蒸发。当地面潮湿时，采用下式计算：

$$\lambda E_0 = \alpha \frac{\Delta}{\Delta + \gamma}(H_{net} - G) \tag{4.3}$$

式中　E_0——可能蒸发量，mm/d；

α——Priestley - Taylor 系数。

其余符号意义同前。

方程给出了低对流条件下的可能蒸发估计，而在半干旱和干旱地区，对流项在能量平衡中有重要作用，此时方程计算出的值会比实际值小。

（3）Hargreaves 法。Hargreaves 法最初来自于对加利福尼亚州戴维斯市寒冷季节里草地渗流的研究，后又经过修改，SWAT 中采用的是发布于 1985 年的版本：

$$\lambda E_0 = 0.0023 H_0 (T_{max} - T_{min})^{0.5} (T_{av} + 17.8) \tag{4.4}$$

式中　H_0——宇宙辐射量，MJ/(m^2·d)；

T_{max}——给定日期的最高气温，℃；

T_{min}——给定日期的最低气温，℃；

T_{av}——给定日期的平均气温，℃。

2. 实际蒸散发

在潜在蒸散发总量确定后，就可以计算实际蒸散发。SWAT 模型首先从植被冠层截留蒸发开始计算，然后利用一个类似于 Richlie 所研究的方法来计算最大蒸腾量、最大升华量和最大土壤水分蒸发量，最后计算实际升华和土壤蒸发。如果热回收装置 HRU（Heat Recovery Unit）中有雪，将会发生升华，只有在无雪时土壤蒸发才会发生。

（1）冠层截留蒸发。SWAT 模型在计算实际蒸散发时，首先最大可能地蒸发冠层截留水分，如果潜在蒸散发 E_0 小于冠层截留的自由水量，则

$$E_a = E_0 = E_{can} \tag{4.5}$$

$$R_{INT(f)} = R_{INT(i)} - E_{can} \tag{4.6}$$

式中　E_a——流域某日实际蒸散发量，mm；

E_0——流域给定日期的潜在蒸散发量，mm；

E_{can}——该日冠层中自由水所产生的蒸散发量，mm；

$R_{INT(f)}$——该日冠层中最终的自由水量，mm；

$R_{INT(i)}$——该日冠层中原有的自由水量，mm。

如果潜在蒸散发量大于冠层截留的自由水量，此时

$$E_{can} = R_{INT(i)} \tag{4.7}$$

$$R_{INT(f)} = 0 \tag{4.8}$$

一旦冠层中截留的自由水全部被蒸发掉，继续蒸发所需要的水量（$E'_0 = E_0 - E_{can}$）将从植被、雪和土壤中产生。

（2）植物蒸腾。当选择 Penman－Monteith 法计算潜在蒸散发量时，植物蒸腾也同样由式（4.2）确定。对于其他方法，植物蒸腾量用下式计算：

$$E_t = \frac{E'_0 \mathrm{LAI}}{3.0}; \qquad 0 \leqslant \mathrm{LAI} \leqslant 3.0 \tag{4.9}$$

$$E_t = E'_0 \tag{4.10}$$

式中 E_t——某日的最大蒸腾量，mm；

E'_0——植物冠层自由水蒸散发调整后的潜在蒸散发量，mm；

LAI——叶面积指数。

以上两式所计算的蒸腾量是植被处于理想生长状态下的值，由于土壤剖面缺少可利用的水分，所以实际值小于这一计算结果。

（3）升华。当 HRU 中存在积雪时，SWAT 模型首先从积雪升华水分以满足蒸发需求，当积雪中的水分大于最大的升华和土壤蒸发量时，则

$$E_{sub} = E'_s \tag{4.11}$$

$$\mathrm{SNO}_{(f)} = \mathrm{SNO}_{(i)} - E'_s \tag{4.12}$$

$$E''_s = 0 \tag{4.13}$$

式中 E_{sub}——某日升华量，mm；

E'_s——经过植被冠层自由水蒸发调整后的最大升华和土壤水分蒸发量，mm；

$\mathrm{SNO}_{(f)}$——升华发生后积雪中的水含量，mm；

$\mathrm{SNO}_{(i)}$——某日升华发生前积雪中的水含量，mm；

E''_s——当日最大土壤水分蒸发量，mm。

当积雪中水含量小于最大升华和土壤水分蒸发需求量时，则

$$E_{sub} = \mathrm{SNO}_{(i)} \tag{4.14}$$

$$\mathrm{SNO}_{(f)} = 0 \tag{4.15}$$

$$E''_s = E'_s - E_{sub} \tag{4.16}$$

（4）土壤水分蒸发。当存在土壤水分蒸发需求时，SWAT 模型要首先在不同土壤层中分配这一蒸发需求，土壤深度层次的划分决定土壤允许的最大蒸发量。土壤水分蒸发可由下式计算：

$$E_{soil,z} = E''_s \frac{z}{z + \exp(2.374 - 0.00713z)} \tag{4.17}$$

式中　$E_{soil,z}$——深度 z 处的蒸发需求量，mm；

z——土壤深度，mm。

式中系数的选择依据是使 50%的蒸发量来自于地表以下 10mm 的土壤层，95%的蒸发需求量来自于地表以下 100mm 深的土壤层。

土壤层的蒸发需求量由该土壤层上下边界的蒸发需求量之差来确定：

$$E_{soil,ly} = E_{soil,zl} - E_{soil,zu} \tag{4.18}$$

式中　$E_{soil,ly}$——ly 土壤层的蒸发需求量，mm；

$E_{soil,zl}$——该土壤层下边界的蒸发需求量，mm；

$E_{soil,zu}$——该土壤层上边界的蒸发需求量，mm。

当某一土壤的蒸发需求未被满足时，SWAT 模型不允许由其他层土壤来补偿这一需求，蒸发需求不能被满足的土壤层将导致热回收装置中实际蒸散发减少。为了允许用户修改被蒸发土壤层的深度分布，从而满足蒸发需求，SWAT 模型为公式添加了一个系数，用于调整土壤毛管作用和土壤裂隙等因素对不同土壤层蒸发需求量的影响：

$$E_{soil,ly} = E_{soil,zl} - E_{soil,zu} \mathrm{esco} \tag{4.19}$$

式中　esco——土壤蒸发补偿系数，随着该值的减小，模型允许从更深层的土壤获得更多水分以供蒸发。当土壤层含水量低于田间持水量时，蒸发需水量也相应减少。蒸发需水量可由下式求得

$$E'_{soil,ly} = E_{soil,ly} \exp\left[\frac{2.5(SW_{ly} - FC_{ly})}{FC_{ly} - WP_{ly}}\right]; \quad SW_{ly} < FC_{ly} \tag{4.20}$$

$$E'_{soil,ly} = E_{soil,ly}; \quad SW_{ly} \geqslant FC_{ly} \tag{4.21}$$

式中　$E'_{soil,ly}$——调整后的 ly 层的土壤蒸发需求量，mm；

SW_{ly}——ly 层的土壤含水量，mm；

FC_{ly}——ly 层的土壤田间持水量，mm；

WP_{ly}——ly 层的土壤调萎含水量，mm。

为了限制干旱状态下的蒸发量，SWAT 模型定义了一个任何时间下的最大允许蒸发量，该值为某日植被可利用水量的 80%，植被可利用水量为土壤层中总含水量减去凋萎点时土壤层含水量。最大允许蒸发量按下式计算：

$$E''_{soil,ly} = \min[E''_{soil,ly}, 0.8(SW_{ly} - WP_{ly})] \tag{4.22}$$

式中　$E''_{soil,ly}$——ly 层的最大允许土壤蒸发量，mm；

4.3　基于 SWAT 模型的区域实际 ET 计算

区域实际 ET 是 ET 概念的扩展，即一个区域的真实耗水量，指参与水循

环的所有水量的实际消耗。区域实际ET包括：

(1) 传统意义下的ET，即土壤、水面蒸发以及植被蒸腾。

(2) 人类生活、生产过程中产生的蒸发。

(3) 工农业生产时，固化在产品中，且被运出本区域的水量（此部分水对于本区域属于耗水）。

按照不同的土地利用类型将实际ET分为4项：陆地ET、水域ET、耕地ET、城乡居工地ET。陆地ET包括林地、草地、沙地、裸地的ET，水域ET包括湖泊、沼泽、湿地的ET，属于不可控ET。耕地ET分为灌溉农田ET和雨养农田ET，其中灌溉农田ET的水分来源包括天然降水和人工灌溉补水，属于可控ET；雨养农田ET水分来源是天然降水，属于不可控ET。城乡居工地ET包括工业ET、生活ET，水分来源于人工补给，属于可控ET。将陆地ET、水域ET和耕地ET利用分布式水文模计算，城乡居工地ET利用定额法计算。

4.3.1 区域实际ET计算

(1) 基于分布式水文模型的水域ET、陆地ET和耕地ET的计算。SWAT在SWRRB（Simulator for Water Resources in Rural Basins）模型的基础上吸纳了CREAMS（Chemicals, Runoff and Erosion from Agricultural Management Systems）、GLEAMS（Groundwater Loading Effects on Agricultural Management Systems）、EPIC（Erosion - Productivity Impact Calculator）、ROTO（Routing Outputs to Outlet）等模型的优点发展而来，是一个基于物理过程并能够模拟不同土地利用和多种农业管理措施对流域的水、泥沙、营养物质、杀虫剂等输送迁移影响的分布式流域水文模型[5]，其分布式模拟结构和运行控制方式使之具有高效连续模拟的优点[47]，其源代码公开、与地理信息系统结合的前处理等都使得SWAT具有旺盛的生命力，在世界范围内得到了广泛的应用[7,8]，并在使用中得到了改进和完善。本研究采用基于ArcGIS的分布式水文模型SWAT计算鄂尔多斯地区的水域ET、陆地ET以及耕地ET。

(2) 基于定额法的城乡居工地ET的计算。具体计算方法参见3.2.3中相关内容。

4.3.2 基本资料收集及处理

1. SWAT模型输入数据

SWAT模型的主要输入数据、说明和来源情况见表4.2。

表 4.2　　SWAT 模型输入数据

数据类型	数　据	说　明
图片	DEM	90m×90m
	土地利用类型	1∶10 万（1996 年）
	土壤	1∶100 万
	数字河道	
气象	降水、气温、风速、太阳辐射、相对湿度、气象站点分布	1990—1999 年
水文	流量、水位	河流主要水文监测站
水库	水库调度规则	主要水库
土壤参数	孔隙度、密度、水力传导度、田间持水量、土壤可供水量、土壤有机氮含量、颗粒含量等	《中国土种志》（1994 年）

2. 基本资料收集及处理

（1）DEM 数据处理。本研究区 DEM 数据来源于中国国家科学数据服务平台数据库，该数据的格网大小为 90m×90m，地理坐标为 WGS1984。原始的 DEM 数据（称为 RawDEM）中通常都有洼地（sinks）或尖峰（peaks），它们一般由采样时的误差造成，但也存在合理的洼地或尖峰的情况（如喀斯特地形）。其中，洼地是指一个单元格的高程低于与它相邻的 8 个单元格的高程，尖峰是指一个单元格的高程高于与它相邻的 8 个单元格的高程。洼地单元格中的水流只能流入而不能流出；尖峰单元格中的水流则只能流出而不能流入。它们是 DEM 数据中的“缺陷”（imperfections），会给流向和流域边界的确定造成困难，还有可能导致流向计算失败，致使其他信息无法提取。为此，利用 Hydrology 工具包中的 Fill 工具来填洼和削峰，经该工具处理后的 DEM 数据称为 Depressionless DEM[48]。

基于 ArcGIS 平台进行处理，截取研究区域鄂尔多斯地区的 DEM。利用矢量化的流域边界图以及河道图等对研究区域 DEM 图进行修正，这样使河道演算更符合实际河道。借助 ArcMap 中的相关工具生成水流方向、水流长度、汇流累积量等栅格图，然后转化成 ArcGIS Grid 文件。鄂尔多斯市卫星图如彩图 1 所示，处理后的研究区域的 DEM 如图 4.3 所示。

（2）子流域划分。划分子流域采用的是 ArcGIS 中 basin 工具，以 Flow Direction 工具生成的栅格数据作为输入，输出已划分的大流域栅格数据。再利用 ArcToolbox \ ConvertionTools \ From Raster \ Raster to Polygon 工具，可以将大流域的栅格数据转换成多边形的形文件。此方法利用 DEM 生成的水流方向、水流长度、汇流累积量结果，划分子流域，并对其编号。对于一级子流域，从流域出口结合水流方向和汇流累积量寻找各个子流域的出口。依此类推，可以对流域进行更细的划分。鉴于 DEM 的精度，研究区域进行了二级子

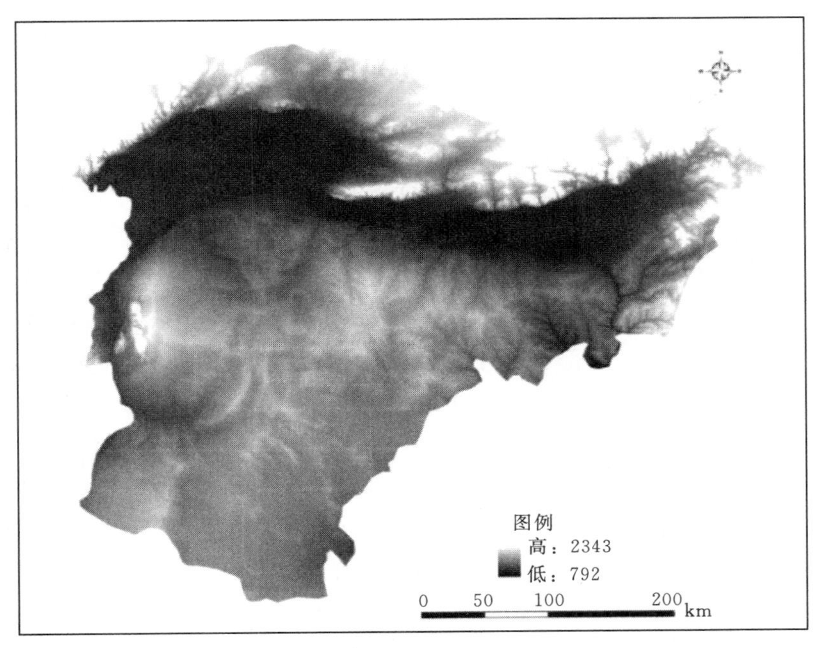

图 4.3 鄂尔多斯DEM图

流域的划分结果如图 4.4 所示。

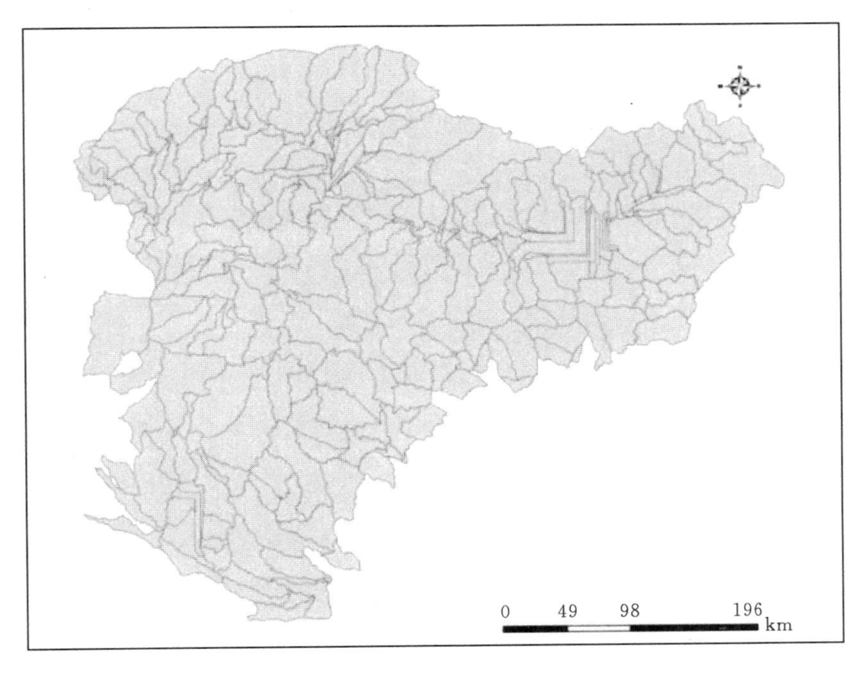

图 4.4 鄂尔多斯二级子流域划分图

（3）土地利用数据处理。土地利用图决定了流域内各种植被的数量和分布。土地利用图来源于中国西部环境与生态科学数据中心的内蒙古自治区 1996 土地利用图，土地利用类型根据其形态分为 6 种类型，根据研究区域鄂尔多斯进行相关的裁剪和修正，如彩图 2 所示。

（4）土壤数据处理。土壤数据资料来源于中国科学院南京土壤研究所与中国农业部土壤环境处合作，共同制作和推出的全国 1：100 万数字化土壤图数据。中国 1：100 万数字化土壤图是以全国第二次土壤普查数据为基础建立起来的。本数字化土壤图如实反映了原土壤图的面貌，继承了原土壤图编制时的分类，其制图基本单元大部分为土属，共有 12 个土纲，61 个土类，235 个亚类和 909 个土属，是目前全国最为详细的数字化土壤图件。土壤湿度、饱和状态土壤张力及土壤孔隙度等土壤的物理参数由国际粮农组织（FAO）提供，根据研究区域鄂尔多斯进行相关的裁剪和修正，如彩图 3 所示。

（5）黄河流域河网处理。研究区域鄂尔多斯处的河网，基于 ArcGIS 中的 Single Output Map Algebra 生成的栅格数据作为“Input Stream Raster”的输入，以生成的数据作为“Input Flow Direction Raster”的输入，输出矢量化后的河网形文件（即 shape 文件），至此就将河网提取出来了，对提取的河网进行相关的裁剪和修正，如图 4.5 所示。

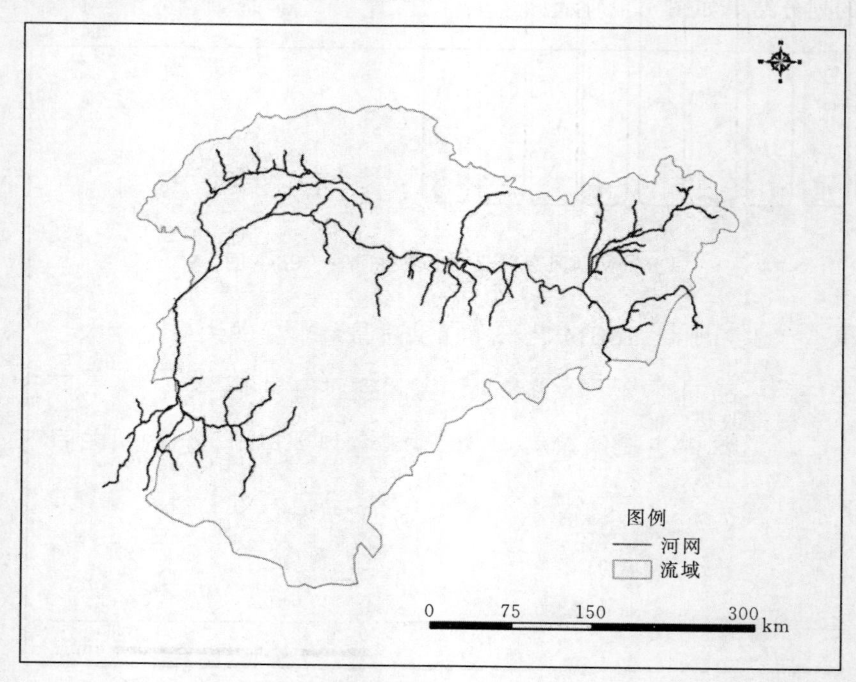

图 4.5　鄂尔多斯黄河流域河网图

(6) 气象资料处理。本文采用了研究区域内16个气象站点的气象资料(图4.6)，数据来源于国家气象局1990—1999年10年的逐日观测数据。气象参数包括日降水量、日平均气温、日最高最低气温、日平均风速、日相对湿度、日照时间以及日云量。模型要求输入各个网格的气象参数，这需要将观测站的数据插值到每一个格网上，采用距离方向加权平均法。模型的时间尺度是1h，而提供的资料是逐日资料，需要对观测站的数据进行降尺度的处理。

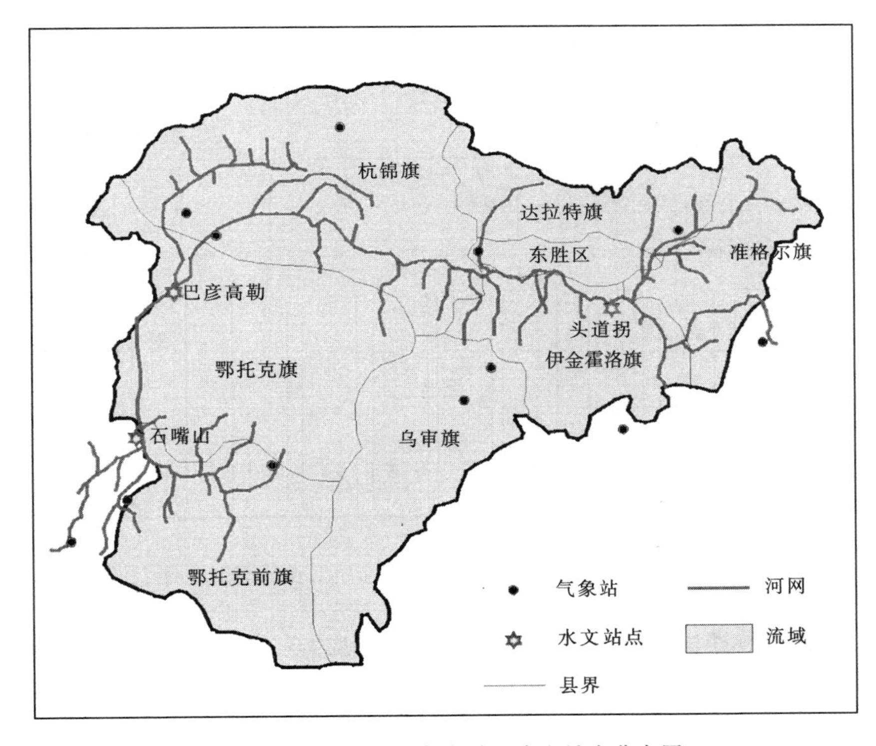

图4.6 鄂尔多斯市气象站、水文站点分布图

(7) 模型改进及其他资料获取。分布式水文模型适用于闭合流域，而研究区域不是闭合流域[49]。如果直接运用原模型进行模拟，不能准确反映河道的真实流量过程，必须在原模型中添加一个接口，输入上游入口的观测径流，引用兰州站1990—1999年的实测逐月径流过程。本文选取石嘴山、巴彦高勒和头道拐3个水文站作为流量控制站点(图4.7)，数据包括1990—1999年共10年的逐月流量资料。

(8) 研究区域人口、工业产值资料来源于研究区域鄂尔多斯1990—1999年的统计年鉴。

4.3.3　方法验证

本研究采用1990—1995年数据进行方法验证。利用分布式水文模型SWAT计算求得的研究区域1990—1995年石嘴山、巴彦高勒、头道拐三个水文站的逐月径流，是仅仅考虑陆地ET、水域ET、耕地ET三项蒸散发以后的径流，尚未考虑城乡居工地ET，所以在进行径流验证时，应在其基础上减去城乡居工地ET[50]。通过模型计算获得的结果与实测水文站径流值进行比较，结果如图4.7～图4.9所示。

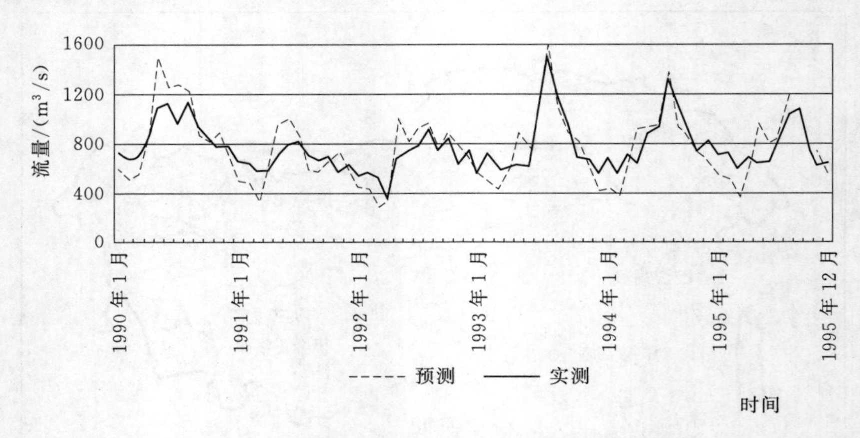

图4.7　石嘴山水文站计算结果与实测值比较图

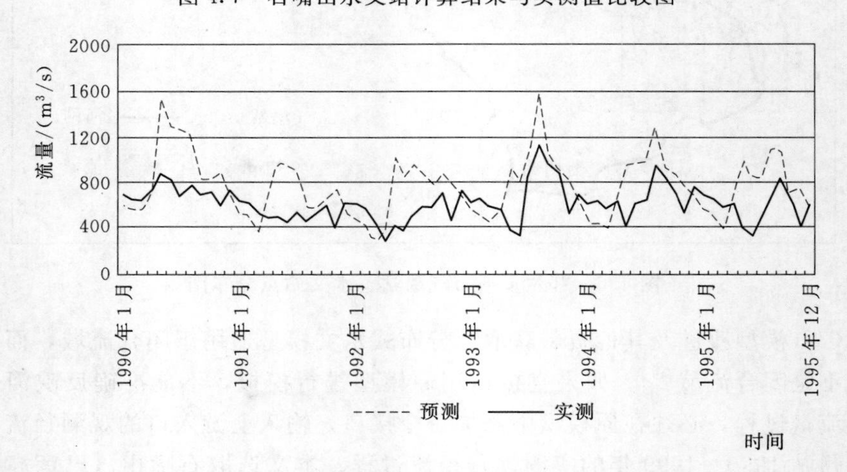

图4.8　巴彦高勒水文站计算结果与实测值比较图

将石嘴山、巴彦高勒、头道拐三个水文站的预测值与实测值对比，多年平均相对误差分别为12%、13%、17%，Nash - Sutcliffe系数分别为0.68、0.65、0.63，表明模拟过程与实测过程吻合相对较好。

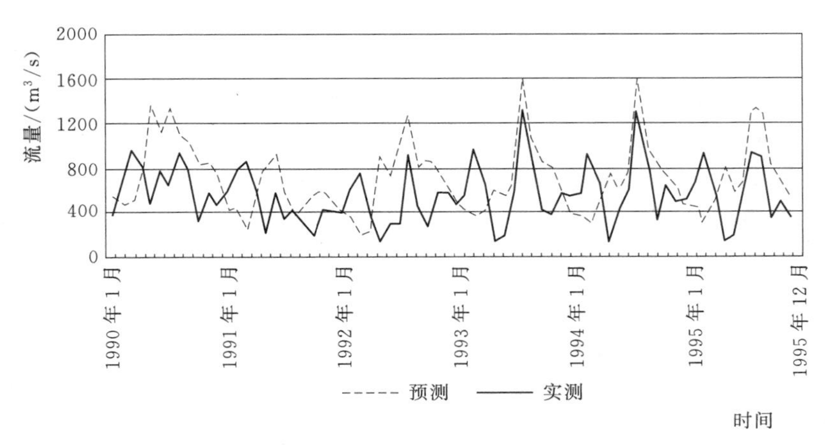

图 4.9 头道拐水文站计算结果与实测值比较图

4.3.4 计算结果

1. 耕地 ET 和天然 ET 的计算结果

运用基于 ArcGIS 的 SWAT 模型进行模拟研究区域 1990—1999 年陆地 ET、水域 ET、耕地 ET，计算结果见表 4.3。

表 4.3 研究区域耕地 ET 和天然 ET 计算结果（1990—1999 年） 单位：mm

年份	1990	1991	1992	1993	1994	1995	1996	1997	1998	1999	平均
耕地 ET	268	229	261	220	264	250	248	222	278	223	246
天然 ET	134	113	139	121	134	155	142	124	142	125	133
合计	402	342	400	341	398	405	390	346	420	348	379

注 表中天然 ET 包括陆地 ET 和水域 ET

2. 居工地 ET 计算结果

(1) 生活 ET 计算。根据《中国水资源公报》《内蒙古自治区行业用水定额标准》(DB15/T 385—2003) 提供的基本数据资料，进行鄂尔多斯居工地 ET 计算。计算方法采用公式 (3.6)，生活用水 ET 计算分为城镇和农村两部分，计算结果见表 4.4。

表 4.4 鄂尔多斯城乡居民生活 ET 计算结果

年份	人口/万人			用水定额/[L/(人·日)]		生活耗水率/%		生活耗水量/万 m³			ET/mm
	城镇	农村	合计	城镇	农村	城镇	农村	城镇	农村	合计	
1990	21.51	98.89	120.40	150	50	30	90	353.3	1624.3	1977.6	0.228
1991	22.77	98.96	121.73	150	50	30	90	374.0	1625.4	1999.4	0.231

续表

年份	人口/万人			用水定额/[L/(人·日)]		生活耗水率/%		生活耗水量/万 m³			ET/mm
	城镇	农村	合计	城镇	农村	城镇	农村	城镇	农村	合计	
1992	23.53	99.29	122.82	150	50	30	90	386.5	1630.8	2017.3	0.233
1993	24.56	98.25	122.81	150	50	30	90	403.4	1613.8	2017.2	0.233
1994	27.94	95.98	123.92	150	50	30	90	458.9	1576.5	2035.4	0.235
1995	30.15	95.12	125.27	150	50	30	90	495.2	1562.3	2057.6	0.238
1996	32.17	93.01	125.18	150	50	30	90	528.4	1527.7	2056.1	0.237
1997	32.39	94.19	126.58	150	50	30	90	532.0	1547.1	2079.1	0.240
1998	44.44	83.63	128.07	150	50	30	90	729.9	1373.6	2103.5	0.243
1999	49.67	80.00	129.67	150	50	30	90	815.8	1314.0	2129.8	0.246

（2）第二、三产业 ET。根据中国水资源公报、内蒙古自治区行业用水定额标准 DB15/T385－2003 提供的基本数据资料，根据鄂尔多斯统计年鉴提供的第二、三产值数据，进行鄂尔多斯第二、三产业 ET 计算。计算方法采用公式（3.7）、公式（3.8），计算分为第二产业和第三产业两部分，计算结果见表 4.5。

表 4.5　　鄂尔多斯第二、三产业 ET 计算结果

年份	第二、三产业生产总值/万元			用水定额/(m³/万元)		耗水率/%		第二、三产业耗水量/万 m³			ET/mm
	第二产业	第三产业	合计	第二产业	第三产业	第二产业	第三产业	第二产业	第三产业	合计	
1990	37809	39621	77430	186	100	0.45	0.5	316.5	198.1	514.6	0.059
1991	69175	38245	107420	186	100	0.45	0.5	579.0	191.2	770.2	0.089
1992	74806	55524	130330	186	100	0.45	0.5	626.1	277.6	903.7	0.104
1993	98789	77394	176183	186	100	0.45	0.5	826.9	387.0	1213.8	0.140
1994	122694	105205	227899	186	100	0.45	0.5	1026.9	526.0	1553.0	0.179
1995	197221	130623	327844	186	100	0.45	0.5	1650.7	653.1	2303.9	0.266
1996	291379	153520	444899	186	100	0.45	0.5	2438.8	767.6	3206.4	0.370
1997	373600	200139	573739	186	100	0.45	0.5	3127.0	1000.7	4127.7	0.476
1998	493825	268728	762553	186	100	0.45	0.5	4133.3	1343.6	5477.0	0.631
1999	627391	332675	960066	186	100	0.45	0.5	5251.3	1663.4	6914.6	0.797

（3）居工地 ET。将鄂尔多斯生活 ET 和第二、三产业 ET 进行合计，结果见表 4.6。

表 4.6 鄂尔多斯居工地 ET 计算结果

年　份	生活 ET/mm	第二、三产业 ET/mm	居工地 ET/mm
1990	0.228	0.059	0.288
1991	0.231	0.089	0.320
1992	0.233	0.104	0.337
1993	0.233	0.140	0.373
1994	0.235	0.179	0.414
1995	0.238	0.266	0.503
1996	0.237	0.370	0.607
1997	0.240	0.476	0.716
1998	0.243	0.631	0.874
1999	0.246	0.797	1.043

3. 总体结果

研究区域鄂尔多斯的区域实际 ET 是进行基于 ET 的水资源管理的基础，也是进行 ET 方案设计的基础，1990—1999 年共计 10 年的鄂尔多斯实际 ET 结果如表 4.7 所示。该区域 1990—1999 年多年平均年降水量 268mm，区域实际 ET 包含了天然 ET（由陆地 ET 和水域 ET 构成）、耕地 ET、城乡居工地 ET，其中天然 ET 平均为 246mm，耕地 ET 平均为 133mm，城乡居工地 ET 平均为 0.547mm。1990—1999 年，研究区域鄂尔多斯的实际 ET 平均值为 379.5mm。

表 4.7 研究区域鄂尔多斯实际 ET 计算结果

年　份	p /mm	天然 ET /mm	耕地 ET /mm	城乡居工地 ET /mm	实际 ET
1990	301	268	134	0.288	402.3
1991	217	229	113	0.320	342.3
1992	299	261	139	0.337	400.3
1993	216	220	121	0.373	341.4
1994	283	264	134	0.414	398.4
1995	302	250	155	0.503	405.5
1996	281	248	142	0.607	390.6
1997	226	222	124	0.716	346.7
1998	330	278	142	0.874	420.9
1999	225	223	125	1.043	349.0
平均	268	246	133	0.547	379.5

4.4　基于地表温度（LST）与归一化植被指数（NDVI）的 ET 计算

利用 2000—2010 年鄂尔多斯地区 Terra - MODIS 归一化植被指数（Normalized Difference Vegetation Index，NDVI）和地表温度（Land Surface Temperature，LST）数据，构建基于地表温度与归一化植被指数的蒸散发（ET）遥感估算模型，计算出 2000—2010 年鄂尔多斯地区每年的 ET 值，并对 ET 的时空分布特征进行分析，为研究目标 ET 的计算提供科学依据。

4.4.1　研究区域及数据处理

遥感数据为 Terra - MODIS16d 合成的归一化植被指数 MOD13A2（V005）和 8d 合成的地表温度 MOD11A2（V005）数据，时间为 2000—2010 年，空间分辨率均为 1km。数据下载自 ECHO 数据下载中心（https://wist. echo. nasa. gov/api）。NDVI 产品基于 Terra - MODIS 地表反射率计算得到[51]。LST 产品由 MODIS 第 31、32 通道的红外发射率经推广的分裂窗算法计算得到。利用 MODIS 数据处理工具 MRT 对 NDVI 和 LST 数据分别进行批处理拼接、投影转换（等经纬度投影），将输出数据像元尺寸统一为 0.01°，并统一时间尺度为 16d（将每 16d 间隔内的两个 8d LST 数据取平均值）。

4.4.2　土地利用情况

利用 2005 年遥感影像图进行土地利用现状解译，获得了土地利用现状数据，土地利用结构如图 4.10 所示，土地利用类型分布如彩图 4 所示，可以看出鄂尔多斯高原土地利用类型结构特征及分布情况[52]。

（1）草地面积大，研究区 2005 年草地面积为 5310140.76hm²，占研究区总面积的 61.14%，其中高覆盖度草地面积 1142007.20hm²，占草地总面积的 21.51%，主要分布在鄂尔多斯高原中部地区，即杭锦旗南部敖楞布拉格苏木、鄂托克旗查汗淖尔镇、鄂托克前旗西部布拉格苏木，还有准格尔旗、达拉特旗、伊金霍洛旗有零星分布，东胜区和乌审旗分布面积很小。中覆盖度草地面积 2376990.00hm²，占草地总面积的 44.76%，各个旗县都有大面积分布，其中鄂托克旗西部阿尔巴斯苏木、查布苏木和鄂托克前旗布拉格苏木分布面积最广，乌审旗分布面积最小。低覆盖度草地面积 1791143.56hm²，占草地总面积的 33.73%，分布于鄂尔多斯高原各个旗县，但主要集中分布在毛乌素沙地和库布齐沙漠周围地区。

（2）未利用土地面积比较大，为 2355139.31hm²，占土地总面积的

27.12%，未利用土地二级类型包括沙地、盐碱地、裸土地和裸岩石砾地，其中沙地面积 2075715.59hm²，占未利用土地总面积的 88.14%，集中分布在毛乌素沙地和库布齐沙漠范围内，即主要分布在杭锦旗北部巴音乌素镇和塔然高勒乡以北和达拉特旗中部蓿亥图乡、展旦召苏木和白泥井镇，还有乌审旗大部分地区、鄂托克旗东南部的苏米图苏木及鄂托克前旗的昂素镇和珠和苏木。盐碱地面积为 207770.75hm²，占未利用土地总面积的 8.82%，主要集中分布在毛乌素沙地水域周围和低洼滩地。

（3）耕地、林地、水域、居民点总面积为 3008950.42hm²，占研究区总土地面积的 11.74%，其中耕地面积为 490480.00hm²，占总土地面积的 5.65%，耕地主要集中分布在沿黄河一带，如杭锦旗、达拉特旗、准格尔旗黄河沿岸，还有一些零散分布在各个旗县。林地主要是以灌木林为主，还有少量有林地，零星分布在鄂尔多斯高原各个旗县。

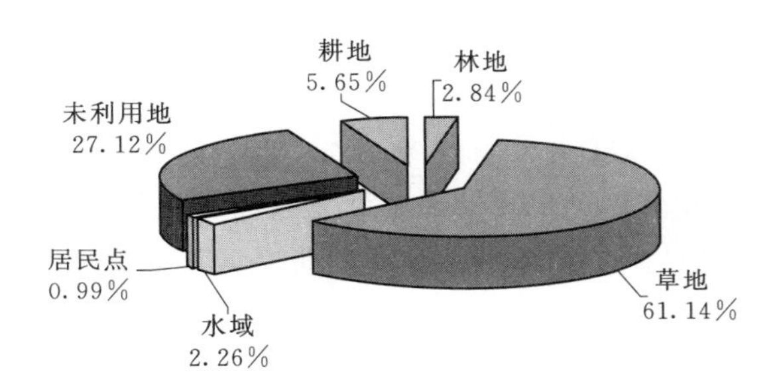

图 4.10　鄂尔多斯土地利用结构图（2005 年）

4.4.3　计算原理

黄琳等利用 2007—2009 年桂林国家基准气候站的地面观测资料和地面净辐射资料，对桂林草面温度与地面净辐射的变化进行分析，找出两者的相关关系。经过分析发现，桂林草面温度和地面净辐射值的年变化趋势基本相同，月平均最大值均出现在夏季（7—8 月），月平均最小值均出现在冬季（12 月—次年 1 月）；月平均草面温度与月平均地面净辐射值存在正相关[53]。王鸣程等利用中国北方 13 省区 2000—2008 年的 Terra MODIS 归一化植被指数（NDVI）和地表温度（LST）数据，以及相同时间段农业气象观测站点的 0～10cm 表层土壤水分资料，建立基于条件温度植被指数的表层土壤水分遥感估算模型，基于条件温度植被指数的土壤水分遥感反演达到了较好的效果，能够较准确地反映北方地区干旱的分布及变化状况[54]。从物理意义上来说，ET 与地表能量、地面覆盖物、植被情况的相关度较密切。从以上研究可知，在桂林地区草面温度和地面净辐射值的年变化趋势基本相同，因此地表能量可以用净辐射、地表温度等参数反映，植被条件可以用 NDVI（归一化植被指数）、LVI、植被覆盖度等参数反映。

在研究区域鄂尔多斯，属北温带半干旱大陆性气候区，40%以上的面积由于是库布齐、毛乌素两大沙漠，因此 ET 的计算影响因素会相对较少，同时考虑到数据的易得性、计算的简便性和结果的适用性，选择地表温度（LST）代表净辐射的影响，选择 NDVI 代表植被条件的影响，通过拟合来建立研究区域鄂尔多斯 ET 的计算经验公式，并与实测 ET 值进行对比。将土地利用图与 ET 计算图进行叠加，可以分类计算得出不同土地利用类型的 ET 值。

以 2003 年研究区域鄂尔多斯的实测 ET 值为验证实例，与 LST 和 NDVI 数据进行拟合，得到回归方程式（4.23）。该方程的 R 为 0.982，标准差为 6.32997。

$$ET = 0.277 \times LST + 212.41 \times NDVI - 95.099 \quad (4.23)$$

4.4.4 计算结果

1. 耕地 ET 和天然 ET 的计算结果

运用基于 LST 和 NDVI 的 ET 遥感计算模型，对研究区域 2001—2010 年陆地 ET 进行了摸拟计算，结果见表 4.8，研究区域的月平均 ET 的分布情况如图 4.16 所示。

表 4.8　研究区域 ET 的计算结果（2001—2010 年）　单位：mm

月份	年份										
	2001	2002	2003	2004	2005	2006	2007	2008	2009	2010	平均
1	2.000	2.000	2.000	2.100	1.900	1.900	2.000	2.000	2.500	2.000	2.040
2	2.600	2.500	3.000	3.200	2.600	2.600	3.100	3.200	3.100	3.100	2.900
3	11.186	12.865	13.965	13.643	13.028	12.461	8.260	12.587	13.905	9.387	12.129
4	17.153	18.750	20.362	22.166	20.165	18.197	20.519	19.334	26.574	17.382	20.060
5	30.974	32.498	34.909	34.196	34.412	31.347	32.143	31.559	42.065	31.755	33.586
6	44.622	60.629	60.889	56.895	55.654	54.995	62.584	55.403	64.130	59.182	57.498
7	65.653	82.955	82.807	56.546	76.057	76.057	78.229	74.161	76.546	74.533	74.354
8	67.890	79.011	76.436	66.567	74.570	79.006	76.153	80.782	81.082	74.540	75.604
9	56.092	62.641	63.339	59.225	57.785	53.844	63.339	67.284	64.576	56.473	60.460
10	30.837	28.813	37.636	28.217	30.183	27.752	30.329	34.419	32.678	32.450	31.331
11	7.700	7.600	9.300	8.100	5.100	6.800	8.000	7.800	8.400	7.900	7.670
12	0.300	0.400	0.500	0.500	0.300	0.300	0.400	0.400	0.600	0.400	0.410
合计	337.006	390.664	405.143	351.354	371.754	365.258	385.058	388.931	416.155	369.100	378.042

注　表中 ET 为除居工地之外的其他 ET。

如图4.11所示，在研究区域鄂尔多斯，2001—2010年按月份的ET分布情况基本上为正态分布，符合ET的月份分布规律，其中8月为一年中单月ET最大的一个月，为75.604mm；6—9月为全年当中ET较大的4个月，其ET值合计占到全年的71%。

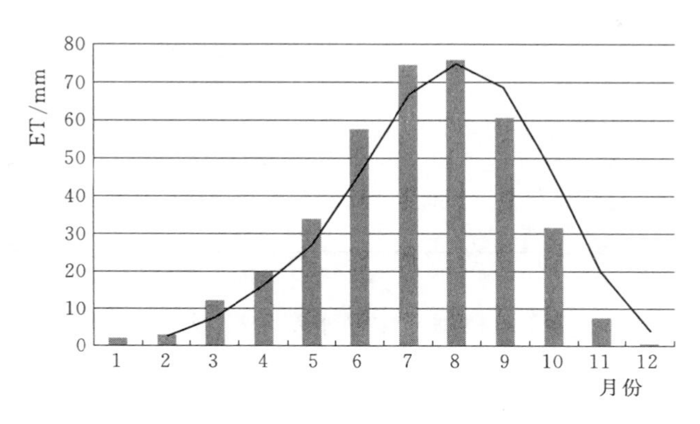

图4.11 研究区域月平均ET分布图（2001—2010年）

彩图5、彩图6为分年度研究区域ET计算结果（2001—2010年）。研究区域2001—2010年分年度实际ET计算分布情况，与实际的土地利用情况进行叠加，在河套灌区、乌梁素海和大黑河等区域的ET值较大，为红色和黄色分布区域；较小的ET主要分布在中部库布齐、毛乌素沙区，西部坡状高原区，这里气候较为干旱，降雨稀少，年平均降水量在200mm左右，属典型的半荒漠草原。2001—2012年年度之间的变化也比较明显，2003、2009年的ET值较大，2001年、2004年的ET值较小。

2. 居工地ET计算

(1) 生活ET计算。根据《中国水资源公报》《内蒙古自治区行业用水定额标准》(DB15/T 385—2003) 提供的基本数据资料，进行鄂尔多斯居工地ET计算。计算方法采用公式 (3.6)，生活用水ET计算分为城镇和农村共两部分，计算结果见表4.9。

表4.9　鄂尔多斯城乡居民生活ET计算结果

年份	人口/万人			用水定额/[L/(人·日)]		生活耗水率/%		生活耗水量万 m^3			ET/mm
	城镇	农村	合计	城镇	农村	城镇	农村	城镇	农村	合计	
2001	89.36	43.47	132.83	150	50	30	90	1467.7	714.0	2181.7	0.252
2002	91.08	43.34	134.42	150	50	30	90	1496.0	711.9	2207.8	0.255
2003	97.60	38.37	135.97	150	50	30	90	1603.1	630.2	2233.3	0.258
2004	97.76	39.11	136.87	150	50	30	90	1605.7	642.4	2248.1	0.260

续表

年份	人口/万人			用水定额/[L/(人·日)]		生活耗水率/%		生活耗水量万 m^3			ET/mm
	城镇	农村	合计	城镇	农村	城镇	农村	城镇	农村	合计	
2005	98.80	39.06	137.87	150	50	30	90	1622.8	641.6	2264.4	0.262
2006	126.95	14.05	141.00	150	50	30	90	2085.2	230.8	2315.9	0.268
2007	130.94	13.05	143.99	150	50	30	90	2150.7	214.3	2365.0	0.273
2008	131.11	14.10	145.21	150	50	30	90	2153.5	231.6	2385.1	0.276
2009	133.07	14.29	147.36	150	50	30	90	2185.7	234.7	2420.4	0.280
2010	134.28	15.30	149.58	150	50	30	90	2205.5	251.3	2456.9	0.284

注　表中人口数据来自 2002—2011 年的《鄂尔多斯统计年鉴》。

(2) 第二、三产业 ET。根据《中国水资源公报》《内蒙古自治区行业用水定额标准》(DB15/T 385—2003) 提供的基本数据资料，根据鄂尔多斯统计年鉴提供的第二、三产值数据，进行鄂尔多斯第二、三产业 ET 计算。计算方法采用公式 (3.7)、公式 (3.8)，计算分为第二产业和第三产业两部分，计算结果见表 4.10。

表 4.10　　　鄂尔多斯第二、三产业 ET 计算结果

年份	第二、三产业生产总值/万元			用水定额/(m^3/万元)		耗水率/%		第二、三产业耗水量/万 m^3			ET/mm
	第二产业	第三产业	合计	第二产业	第三产业	第二产业	第三产业	第二产业	第三产业	合计	
2001	954425	520186	1474611	186	100	0.45	0.5	7988.5	2600.9	10589.5	1.221
2002	1103026	663534	1766560	186	100	0.45	0.5	9232.3	3317.7	12550.0	1.447
2003	1417312	1036219	2453531	186	100	0.45	0.5	11862.9	5181.1	17044.0	1.965
2004	1965051	1627375	3592426	186	100	0.45	0.5	16447.5	8136.9	24584.4	2.834
2005	3124530	2417329	5541859	186	100	0.45	0.5	26152.3	12086.6	38239.0	4.408
2006	4396444	3172900	7569344	186	100	0.45	0.5	36798.2	15864.5	52662.7	6.070
2007	6330967	4678348	11009315	186	100	0.45	0.5	52990.2	23391.7	76381.9	8.805
2008	9554926	5447887	15002813	186	100	0.45	0.5	79974.7	27239.4	107214.2	12.359
2009	15936259	7120689	23056948	186	100	0.45	0.5	133386.5	35603.4	168989.9	19.480
2010	25590357	9456856	35047253	186	100	0.45	0.5	214191.3	47284.3	261475.6	30.141

注　表中数据来自 2002—2011 年的《鄂尔多斯统计年鉴》。

(3) 居工地 ET。将研究区域鄂尔多斯生活 ET 和第二、三产业 ET 进行合计，结果见表 4.11。

表 4.11 鄂尔多斯居工地 ET 计算结果

年份	生活 ET/mm	第二、三产业 ET/mm	居工地 ET/mm
2001	0.252	1.221	1.473
2002	0.255	1.447	1.702
2003	0.258	1.965	2.223
2004	0.260	2.834	3.094
2005	0.262	4.408	4.669
2006	0.268	6.070	6.338
2007	0.273	8.805	9.078
2008	0.276	12.359	12.634
2009	0.280	19.480	19.759
2010	0.284	30.141	30.424

3. 总体结果

研究区域鄂尔多斯的区域实际 ET 是进行基于 ET 的水资源管理的基础，也是进行 ET 削减方案设计的基础，2001—2010 年共计 10 年的鄂尔多斯实际 ET 结果见表 4.12。该区域 2001—2010 年降水量平均为 333.2mm，实际 ET 平均值 378.042mm，城乡居工地 ET 平均为 9.139mm。2001—2010 年研究区域鄂尔多斯的实际 ET 平均值为 387.182mm。图 4.12 为 2001—2010 年研究区域 ET 计算结果。图示 2001—2010 年每年的分项 ET 的分布情况，总的 ET 的变化趋势与降水量趋势相类似，居工地 ET 的变化趋势为逐年增加。

表 4.12 研究区域鄂尔多斯的 ET 计算结果

年份	p /mm	天然 ET /mm	耕地 ET /mm	城乡居工地 ET /mm	ET
2001	320.0	218.538	118.468	1.473	338.479
2002	319.2	253.336	137.328	1.702	392.366
2003	409.2	262.565	142.578	2.223	407.366
2004	362.2	227.297	124.057	3.094	354.448
2005	209.5	240.006	131.748	4.669	376.423
2006	290.5	235.199	130.059	6.338	371.596
2007	361.8	247.110	137.948	9.078	394.136
2008	360.0	248.383	140.548	12.634	401.565
2009	349.2	263.585	152.570	19.759	435.914
2010	350.0	229.267	139.833	30.424	399.524
平均	333.2	242.529	135.514	9.139	387.182

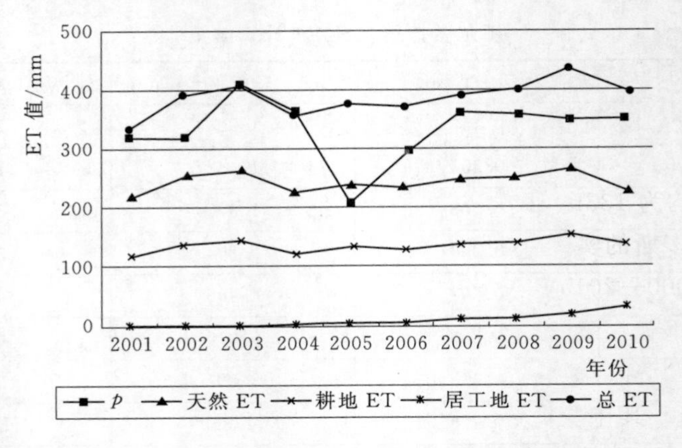

图 4.12　2001—2010 年研究区域 ET 计算结果

4.4.5　模型计算结果对比

利用鄂尔多斯地区 Terra - MODIS 归一化植被指数（NDVI）和地表温度（LST）数据构建的基于地表温度与归一化植被指数的蒸散发（ET）遥感估算模型，计算出 2000—2010 年鄂尔多斯地区每年的 ET 值。利用基于 ArcGIS 的分布式水文模型 SWAT 计算出鄂尔多斯地区 1990—1999 年每年的 ET 值。将两种模型的计算结果进行对比，互相校验模型的适用性和准确性，结果对比见表 4.13。

表 4.13　研究区域鄂尔多斯的 ET 计算结果对比

年份	计算模型	p /mm	天然 ET /mm	耕地 ET /mm	城乡居工地 ET /mm	ET
1990—1999	SWAT	268.0	246.00	133.00	0.55	379.50
2001—2010	遥感估算模型	333.2	242.53	135.51	9.14	387.18

表 4.13 表明鄂尔多斯区域由于人口的增长、城镇化的扩大、经济的发展而导致居工地 ET 的增加明显。计算结果也表明两种计算模型的计算结果基本符合地方经济社会的发展规律，能够相互验证计算结果的合理性。

4.5　小　　结

本章采用基于 ArcGIS 的分布式水文模型 SWAT 计算鄂尔多斯地区的水域 ET、陆地 ET 和耕地 ET，以及基于定额法的城乡居工地 ET 的计算。利用分布式水文模型 SWAT 计算得出研究区域 1990—1995 年石嘴山、巴彦高勒、头道拐 3 个水文站的逐月径流，与实测水文站径流值进行比较，对模型进行验证。

经过模型计算1990—1999年共计10年的鄂尔多斯实际ET，该区域1990—1999年年均降水量268mm，区域实际ET包含了天然ET（由陆地ET和水域ET构成）、耕地ET、城乡居工地ET，其中天然ET平均为246mm，耕地ET平均为133mm，城乡居工地ET平均为0.547mm。1990—1999年研究区域鄂尔多斯的实际ET的平均值为379.5mm。

利用2000—2010年鄂尔多斯地区Terra-MODIS归一化植被指数（NDVI）和地表温度（LST）数据，构建基于地表温度与归一化植被指数的蒸散发（ET）遥感估算模型，经过模型计算，研究区域2001—2010年年均降水量333.2mm，其中实际ET平均值为378.042mm，城乡居工地ET平均为9.139mm。2001—2010年研究区域鄂尔多斯的实际ET平均值为387.182mm。

第5章

典型区域目标ET计算和评估

5.1　第一环节：区域目标ET计算方案设定

5.1.1　区域降水蒸发能力

（1）降水。鄂尔多斯市地处黄河上游，总面积86752km^2。全市1961—2010年年降水量变化趋势不太明显（见图5.1），从年代平均分析，出现了两个相对大值区，20世纪60年代和近10年两个时期的年均降水量分别为339.0mm和330.3mm，70年代年均降水量为322.1mm，80年代年均降水量为316.6mm，90年代年均降水量最少，为306.1mm。

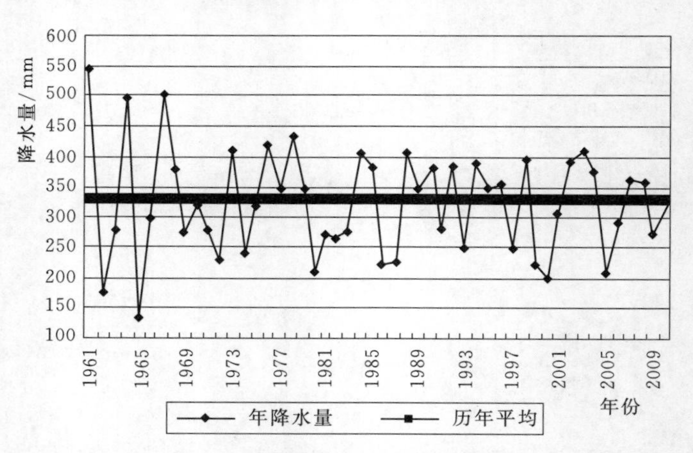

图5.1　鄂尔多斯地区年降水量变化趋势

2002—2007年鄂尔多斯分旗区的降水量见表5.1。

表5.1　鄂尔多斯分旗区降水量　单位：mm

区（旗）	2002年	2003年	2004年	2005年	2006年	2007年	平均
东胜区	396.9	513.3	421.6	220.0	303.6	373.8	371.5
达拉特旗	316.9	506.4	434.6	193.8	375.9	303.2	355.1
准格尔旗	374.9	520.2	489.0	263.4	358.2	385.0	398.5

续表

区（旗）	2002年	2003年	2004年	2005年	2006年	2007年	平均
鄂托克前旗	342.3	231.8	228.3	124.1	191.9	309.3	238.0
鄂托克旗	355.5	352.7	290.8	136.9	256.7	316.5	284.9
杭锦旗	264.3	335.1	266.2	226.5	257.9	339.1	281.5
乌审旗	613.6	381.1	401.4	184.9	320.4	485.5	397.8
伊金霍洛旗	465.0	433.3	365.8	326.1	259.3	382.3	372.0
鄂尔多斯	391.2	409.2	362.2	209.5	290.5	361.8	337.4

（2）蒸发能力。鄂尔多斯地区的蒸发能力由于温度、湿度等原因自西向东增多，1月最少，5月最多。东、南部地区蒸发能力在1979.0～2425.8mm之间，西部地区蒸发能力在2130.5～3240.8mm之间，全市年平均蒸发能力为2506.3mm，是年平均降水量的7.2倍，不利于农牧业生产、储水保墒和植被的生长，同时也加重了土壤沙漠化，易引发干旱和沙尘暴[55]。

（3）ET与降水量差值分析。根据第4章4.3、4.4部分的计算，1990—1999年研究区域鄂尔多斯的实际ET的平均值为379.5mm，2001—2010年研究区域鄂尔多斯的实际ET平均值为387.182mm。2000—2010年平均年降水量333.2mm，年平均ET远大于降水量，如果将两者的年平均值换算成水量，年蒸发总量比年降水总量多46.83亿m^3。蒸发总量超过降水总量，超出的水量主要由河流入境水量和开采地下水量组成。其中，2003年降水量409.2mm，属于降水较多年份，蒸发总量与降水总量基本相当；2005年降水量209.5mm，属于降水较少年份，蒸发总量超过降水总量达154.14亿m^3；2006年降水量290.5mm，属于降水偏少年份，蒸发总量超过降水总量达83.87亿m^3。

5.1.2 方案设定

计算区域的目标ET，需要设定计算水平年和相应的水资源条件，包括当地的降水量、入境水量、出境水量、入海水量、跨流域调水水量、超采地下水水量等。因此确定鄂尔多斯市目标ET计算设定水平年为2015年，降水量取1961—2010年系列的均值（322.8mm），降水分布取8个水资源三级区单元1961—2010年系列的均值，入境、出境和入海水量根据不同的跨流域调水和超采地下水水量组合设定，共设置5个方案进行计算，见表5.2。

方案1和当前2010年用水保持一致，过境水根据国家水权分配方案为黄河水量引用7亿m^3，地下水为可开采量的60%为8.88亿m^3，闭流区水量不变为1.75亿m^3；方案2为扩大黄河水引用量至8亿m^3；方案3为在扩大黄河水引用量的基础上，压采地下水至 7 亿 m^3；方案 4 为减少黄河水引用量至 6 亿 m^3，同时地下水压采至 8 亿 m^3；方案 5 为减少黄河水引用量至 6 亿 m^3，同时地下水压采至 7 亿 m^3。

表 5.2　　鄂尔多斯市目标 ET 计算方案设定

方案编号	降水 /mm	过境水 /亿 m^3	闭流水 /亿 m^3	地下水 /亿 m^3	跨流域调水 /亿 m^3	说明
1	322.8	70000	17500	88800	0	现状方案
2	322.8	80000	17500	88800	0	扩大引黄水
3	322.8	80000	17500	70000	0	压采地下水
4	322.8	60000	17500	80000	0	减少引黄水
5	322.8	60000	17500	70000	0	节水方案

5.2　第二环节：区域目标 ET 计算

5.2.1　天然目标 ET 计算

在目标 ET 的一级分项中，非灌溉耕地 ET_{UI}、林地 ET_F、草地 ET_C、水域 ET_W和未利用土地 ET_U上的人类活动直接干扰很小，可以归为天然目标 ET_N。天然目标 ET 主要受研究区域降水量的影响，因此在此次鄂尔多斯设定的 5 个方案中，天然目标 ET 分项是完全一样的。研究区域 2015 年的土地利用情况延续使用 2005 年的土地利用情况，假设土利利用情况没有发生变化，因此，采用鄂尔多斯地区 Terra - MODIS 归一化植被指数（NDVI）和地表温度（LST）数据，构建基于地表温度与归一化植被指数的蒸散发（ET）遥感估算模型，结合研究区域的土地利用类型图，分类计算出 2015 年研究区域鄂尔多斯的天然目标 ET 值，见表 5.3。

表 5.3　　鄂尔多斯市 2015 年各方案的天然目标 ET 计算结果

区（旗）	天然目标 ET/mm				
	方案 1	方案 2	方案 3	方案 4	方案 5
东胜区	294.84	294.84	294.84	294.84	294.84
达拉特旗	281.82	281.82	281.82	281.82	281.82
准格尔旗	316.27	316.27	316.27	316.27	316.27
鄂托克前旗	188.89	188.89	188.89	188.89	188.89
鄂托克旗	226.11	226.11	226.11	226.11	226.11

续表

区（旗）	天然目标 ET/mm				
	方案 1	方案 2	方案 3	方案 4	方案 5
杭锦旗	223.41	223.41	223.41	223.41	223.41
乌审旗	315.71	315.71	315.71	315.71	315.71
伊金霍洛旗	295.24	295.24	295.24	295.24	295.24
鄂尔多斯	256.19	256.19	256.19	256.19	256.19

5.2.2 耕地目标 ET 计算

研究区域 2015 年的土地利用情况延续使用 2005 年的土地利用情况，假设土地利用的情况没有发生变化，采用鄂尔多斯地区 Terra - MODIS 归一化植被指数（NDVI）和地表温度（LST）数据，构建基于地表温度与归一化植被指数的蒸散发（ET）遥感估算模型，结合研究区域的土地利用类型图中耕地的分布情况，计算出 2015 年研究区域鄂尔多斯的耕地目标 ET 值，见表 5.4。

表 5.4　　鄂尔多斯市 2015 年各方案的耕地目标 ET 计算结果

区（旗）	耕地目标 ET/mm				
	方案 1	方案 2	方案 3	方案 4	方案 5
东胜区	161.81	148.12	138.98	116.15	93.31
达拉特旗	154.67	141.58	132.84	111.02	89.19
准格尔旗	173.57	158.88	149.08	124.59	100.09
鄂托克前旗	103.66	94.89	89.04	74.41	59.78
鄂托克旗	124.09	113.59	106.58	89.07	71.56
杭锦旗	122.61	112.23	105.31	88.01	70.71
乌审旗	173.27	158.60	148.82	124.37	99.92
伊金霍洛旗	162.03	148.32	139.17	116.30	93.44
鄂尔多斯	140.60	128.70	120.76	100.92	81.08

5.2.3 居工地目标 ET 计算

（1）生活目标 ET。生活目标 ET 采用定额法和耗水系数法，即通过制定合理的人均日用水量，结合耗水系数和人口总数来计算生活 ET。生活需水分城镇居民和农村居民两类，计算公式如下：

$$ET_{Lk,m}=k_{k,m}Po_{k,m}w_{k,m}\times 365/1000 \tag{5.1}$$

式中　k——计算单元编号；

m——用户分类序号，例如，可令 $m=1$ 为城镇，$m=2$ 为农村；

$ET_{Lk,m}$——第 k 个计算单元的第 m 类用户的生活ET，万 m^3；

$Po_{k,m}$——第 k 个计算单元的第 m 类用户的用水人口，万人；

$w_{k,m}$——第 k 个计算单元的第 m 类用户生活用水定额，L/(人·日)；

$k_{k,m}$——第 k 个计算单元的第 m 类用户生活耗水率，城镇生活耗水率一般为30%，农村生活耗水率一般为90%。

根据鄂尔多斯市国民经济和社会发展第十二个五年规划纲要，估算2015年鄂尔多斯分区县人口数量以及城镇与农村的人口数量，结果见表5.5。鄂尔多斯市2015年各方案生活ET计算结果见表5.6。

表5.5　鄂尔多斯市分区旗2015年人口估算结果

区（旗）	2015年人口/万人	2015年城镇人口（占总人口的75%）	2015年农村人口（占总人口的25%）
东胜区	38.88	29.16	9.72
达拉特旗	55.67	41.76	13.91
准格尔旗	45.59	34.19	11.40
鄂托克前旗	11.86	8.89	2.97
鄂托克旗	15.13	11.35	3.78
杭锦旗	22.18	16.64	5.54
乌审旗	16.46	12.35	4.11
伊金霍洛旗	24.22	18.16	6.06
鄂尔多斯	230.00	172.50	57.50

表5.6　鄂尔多斯市2015年各方案生活目标ET计算结果

区（旗）	面积/km^2	降水/mm	生活目标ET/mm				
			方案1	方案2	方案3	方案4	方案5
东胜区	2137	371.5	2.989	3.586	3.287	3.138	2.466
达拉特旗	8192	355.1	1.116	1.340	1.228	1.172	0.921
准格尔旗	7535	398.5	0.994	1.193	1.093	1.044	0.820
鄂托克前旗	12318	238.0	0.158	0.190	0.174	0.166	0.130
鄂托克旗	20064	284.9	0.124	0.149	0.136	0.130	0.102
杭锦旗	18903	281.5	0.193	0.231	0.212	0.202	0.159
乌审旗	11645	397.8	0.232	0.279	0.255	0.244	0.192
伊金霍洛旗	5958	372.0	0.668	0.801	0.734	0.701	0.551
鄂尔多斯	86752	322.8	0.435	0.523	0.479	0.457	0.359

（2）第二产业目标ET。第二产业ET采用定额耗水系数法：

$$ET_{Gk}=\sum_{j}SeV_{k,j}w_{k,j}k_{k,j}/10000 \tag{5.2}$$

式中 ET_{Gk}——第k个计算单元的二产ET，万m^3；

j——二产行业数；

$SeV_{k,j}$——第k个计算单元的第j个二产行业的增加值，万元；

$w_{k,j}$——第k个计算单元的第j个二产行业的用水定额，m^3/万元；

$k_{k,j}$——第k个计算单元第j个二产行业的耗水率。

根据鄂尔多斯市国民经济和社会发展第十二个五年规划纲要，2015年鄂尔多斯第二产业目标值为2974亿元，根据中国水资源公报提供的第二产业用水定额等数据，计算分区旗第二产业的5种方案ET，结果见表5.7。

表5.7 鄂尔多斯市2015年各方案第二产业目标ET计算结果

区（旗）	面积/km^2	第二产业产值/万元	第二产业目标ET/mm				
			方案1	方案2	方案3	方案4	方案5
东胜区	2137	5266964.61	160.449	229.213	177.455	133.091	129.394
达拉特旗	8192	3974037.62	31.581	45.115	34.928	26.196	25.468
准格尔旗	7535	8358899.40	72.218	103.169	79.873	59.905	58.241
鄂托克前旗	12318	360305.23	1.904	2.720	2.106	1.580	1.536
鄂托克旗	20064	3973389.65	12.892	18.417	14.259	10.694	10.397
杭锦旗	18903	594012.14	2.046	2.922	2.263	1.697	1.650
乌审旗	11645	2482054.20	13.876	19.822	15.346	11.510	11.190
伊金霍洛旗	5958	4730337.16	51.686	73.837	57.164	42.873	41.682
鄂尔多斯	86752	29740000.00	22.317	31.882	24.683	18.512	17.998

（3）第三产业目标ET。第三产业ET的计算方法同工业ET的计算方法：

$$ET_{Sk}=\sum_{p}SeV_{k,p}w_{k,p}k_{k,p}/10000 \tag{5.3}$$

式中 ET_{Sk}——第k个计算单元的三产ET，万m^3；

p——三产行业数；

$SeV_{k,p}$——第k个计算单元第p个三产行业的增加值，万元；

$w_{k,p}$——第k个计算单元第p个三产行业的用水定额，m^3/万元；

$k_{k,p}$——第k个计算单元第p个三产行业的耗水率。

根据鄂尔多斯市国民经济和社会发展第十二个五年规划纲要，2015年鄂尔多斯第三产业目标值为2226亿元，根据中国水资源公报提供的第三产业用水定额等数据，计算分区旗第三产业的5种方案ET，结果见表5.8。

表 5.8　　鄂尔多斯市 2015 年各方案第三产业目标 ET 计算结果

区（旗）	面积 /km²	第三产业产值 /万元	第三产业目标 ET/mm				
			方案 1	方案 2	方案 3	方案 4	方案 5
东胜区	2137	7939483.35	185.762	204.339	167.186	158.827	133.749
达拉特旗	8192	2590143.24	15.809	17.390	14.228	13.517	11.382
准格尔旗	7535	5156680.67	34.218	37.640	30.796	29.257	24.637
鄂托克前旗	12318	459299.31	1.864	2.051	1.678	1.594	1.342
鄂托克旗	20064	936619.96	2.334	2.567	2.101	1.996	1.681
杭锦旗	18903	457706.36	1.211	1.332	1.090	1.035	0.872
乌审旗	11645	463309.14	1.989	2.188	1.790	1.701	1.432
伊金霍洛旗	5958	4256757.97	35.723	39.295	32.151	30.543	25.721
鄂尔多斯	86752	22260000.00	12.830	14.113	11.547	10.969	9.237

（4）城镇生态目标 ET。城镇生态的耗水包括降水直接补给和人工补给两部分，采用补水定额法计算城镇生态 ET。

$$ET_{Ek}=P_{Jk}(1-r_{Jk})+\frac{h_{Ek}A_{Ek}}{10} \tag{5.4}$$

式中　ET_{Ek}——第 k 个计算单元的城镇生态 ET，万 m^3；

P_{Jk}——第 k 个计算单元居工地上的降水量，万 m^3；

r_{Jk}——第 k 个计算单元居工地上的平均径流系数；

A_{Ek}——第 k 个计算单元居工地上的需要人工补水的城镇绿地面积，km^2；

h_{Ek}——第 k 个计算单元居工地上城镇绿地的补水定额，mm。

根据鄂尔多斯市国民经济和社会发展第十二个五年规划纲要、《内蒙古自治区行业用水定额标准》（DB 15/T 385—2003）提供的基本数据资料，计算鄂尔多斯市 2015 年分区旗建成区面积及绿地面积，结果见表 5.9；分区旗城镇生态 5 种方案的 ET，结果见表 5.10。

表 5.9　　鄂尔多斯市 2015 年分区旗建成区面积及绿地面积

区（旗）	面积 /km²	降水 /mm	2015 年建成区面积 /km²	2015 年绿地面积 /km²
东胜区	2137	371.5	145.50	6.22
达拉特旗	8192	355.1	43.38	8.91
准格尔旗	7535	398.5	35.52	7.29
鄂托克前旗	12318	238.0	9.24	1.90
鄂托克旗	20064	284.9	11.79	2.42

续表

区（旗）	面积 /km²	降水 /mm	2015 年建成区面积 /km²	2015 年绿地面积 /km²
杭锦旗	18903	281.5	17.28	3.55
乌审旗	11645	397.8	12.83	2.63
伊金霍洛旗	5958	372.0	18.87	3.87
鄂尔多斯	86752	337.4	294.40	36.80

表 5.10　　鄂尔多斯市 2015 年各方案城镇生态目标 ET 计算结果

区（旗）	城镇生态目标 ET/mm				
	方案 1	方案 2	方案 3	方案 4	方案 5
东胜区	58.402	39.827	34.514	32.389	29.201
达拉特旗	43.448	25.693	23.708	22.915	21.724
准格尔旗	46.917	26.992	25.226	24.519	23.459
鄂托克前旗	24.924	13.024	12.743	12.631	12.462
鄂托克旗	29.371	15.126	14.906	14.817	14.685
杭锦旗	29.521	15.446	15.103	14.966	14.760
乌审旗	41.431	21.541	21.128	20.963	20.716
伊金霍洛旗	41.947	23.347	22.160	21.686	20.974
鄂尔多斯	36.837	19.967	19.192	18.883	18.418

（5）居工地目标 ET。将生活目标 ET、第二产业 ET、第三产业目标 ET、城镇生态目标 ET 进行分区旗分方案进行合计，得居工地目标 ET，结果见表 5.11。

表 5.11　　鄂尔多斯市 2015 年各方案居工地目标 ET 计算结果

区（旗）	居工地 ET/mm				
	方案 1	方案 2	方案 3	方案 4	方案 5
东胜区	408	477	382	327	295
达拉特旗	92	90	74	64	59
准格尔旗	154	169	137	115	107
鄂托克前旗	29	18	17	16	15
鄂托克旗	45	36	31	28	27
杭锦旗	33	20	19	18	17
乌审旗	58	44	39	34	34
伊金霍洛旗	130	137	112	96	89
鄂尔多斯	72	66	56	49	46

5.2.4　综合目标 ET 值

将研究区域鄂尔多斯的各区旗天然目标 ET、耕地目标 ET 和居工地目标 ET，进行叠加计算可得区域不同方案的综合目标 ET，结果见表 5.12。鄂尔多斯市分区旗的 5 个方案的目标 ET 分布情况如图 5.2 所示。

表 5.12　　鄂尔多斯市 2015 年各方案综合目标 ET 计算结果

区（旗）	综合目标 ET/mm				
	方案 1	方案 2	方案 3	方案 4	方案 5
东胜区	864.65	919.96	815.82	737.99	683.15
达拉特旗	528.49	513.40	488.66	456.84	430.01
准格尔旗	643.84	644.15	602.35	555.86	523.36
鄂托克前旗	321.55	301.78	294.93	279.30	263.67
鄂托克旗	395.20	375.70	363.69	343.18	324.67
杭锦旗	379.02	355.64	347.72	329.42	311.12
乌审旗	546.98	518.31	503.53	474.08	449.63
伊金霍洛旗	587.27	580.56	546.41	507.54	477.68
鄂尔多斯	468.79	450.89	432.95	406.11	383.27

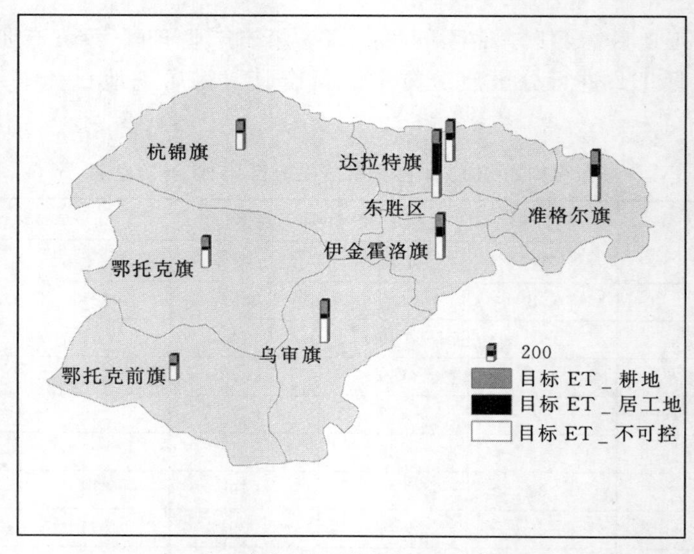

（a）方案 1 分区旗目标 ET 分布

图 5.2(一)　　鄂尔多斯地区各方案分区旗目标 ET 分布图

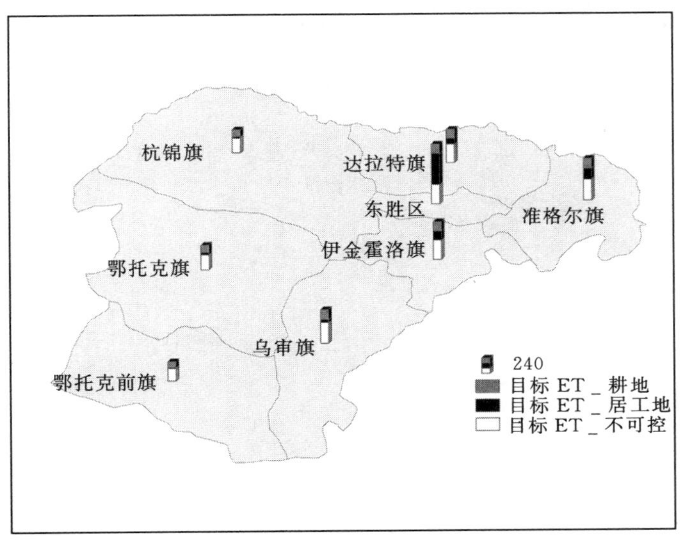

(b) 方案2分区旗目标ET分布

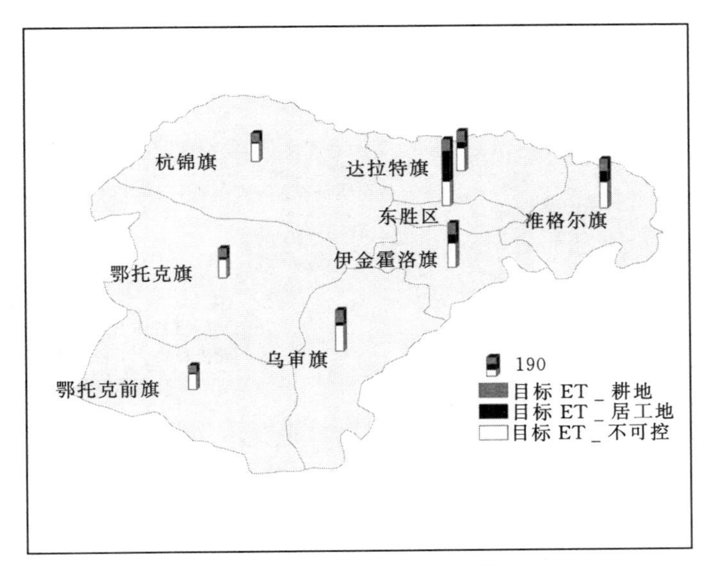

(c) 方案3分区旗目标ET分布

图5.2(二)　鄂尔多斯地区各方案分区旗目标ET分布图

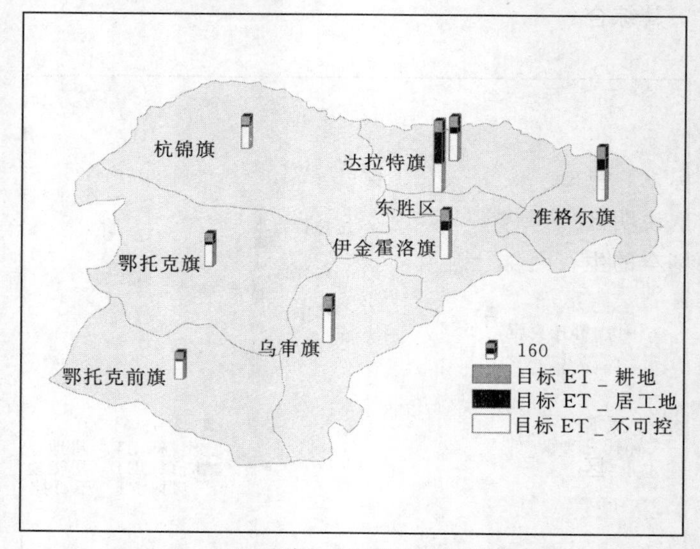

(d) 方案4分区旗目标ET分布

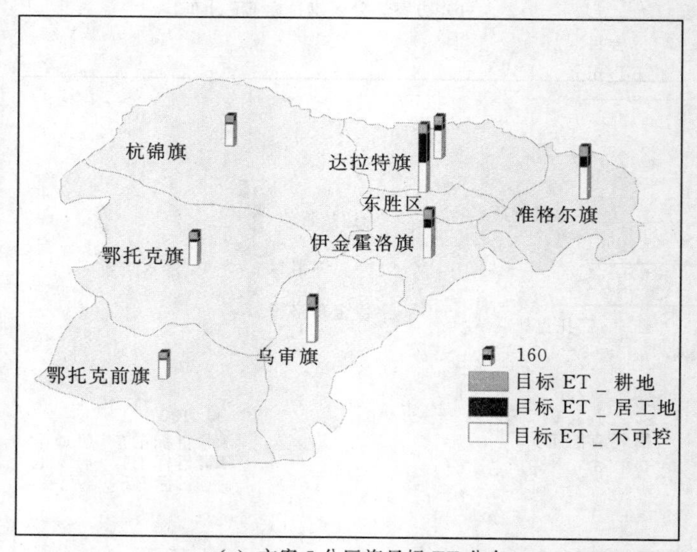

(e) 方案5分区旗目标ET分布

图5.2(三)　鄂尔多斯地区各方案分区旗目标ET分布图

经过计算，研究区域鄂尔多斯设置的5个目标ET计算方案，方案1为现状用水方案，其综合目标ET为468.79mm；方案2为扩大引黄水方案，其综合目标ET为450.89mm；方案3为压采地下水方案，其综合目标ET为432.95mm；方案4为减少引黄水方案，其综合目标ET为406.11mm；方案5

为节水方案，其综合目标ET为383.27mm。

5.3 第三环节：区域目标ET的评估

区域目标ET管理的一个重要目标就是要实现经济持续向好发展与和谐社会的建设。这说明区域目标ET的设定不仅仅要维持生态环境良性循环，更要满足人类最基本的生存需求，因此粮食不减产、农民不减收是区域目标ET设定以及实施ET管理的基本要求和刚性约束。

5.3.1 目标ET的评估指标体系

1. 可持续性原则

（1）总量上，区域目标ET不能超过当地水资源可消耗量。利用公式（3.21）对研究区域鄂尔多斯的5种设置方案下目标ET是否超过当地水资源可消耗量进行计算，结果见表5.13。

表5.13 鄂尔多斯市各方案目标ET与当地水资源可消耗量对比计算结果

各方案	综合目标ET/mm	水资源可消耗量/mm				ET与水量对比
		p	W_D	ΔW	$\sum W$	
方案1	468.79	322.8	8.07	19.07	349.94	ET>$\sum W$
方案2	450.89	322.8	9.22	2.01	334.03	ET>$\sum W$
方案3	432.95	322.8	9.22	2.01	334.03	ET>$\sum W$
方案4	406.11	322.8	6.92	2.01	331.73	ET>$\sum W$
方案5	383.27	322.8	6.92	2.01	331.73	ET>$\sum W$

根据表5.13，5个方案的目标ET均大于当地的水资源可消耗量，表示根据当地水资源状况设计的5种方案，从水资源总量上不满足可持续发展的需求。对5个方案的目标ET的组成比例进行分析，天然目标ET、耕地目标ET和居工地目标ET所占比例见表5.14及图5.3。

表5.14 鄂尔多斯市2015年各方案目标ET构成比例

各分项目标ET所占比例/%	方案1	方案2	方案3	方案4	方案5
居工地目标ET	15.36	14.64	12.93	12.07	12.00
耕地目标ET	29.99	28.54	27.89	24.85	21.15
天然目标ET	54.65	56.82	59.17	63.08	66.84

1990—1999年的研究区域实际ET构成比例如图5.4所示，2001—2010

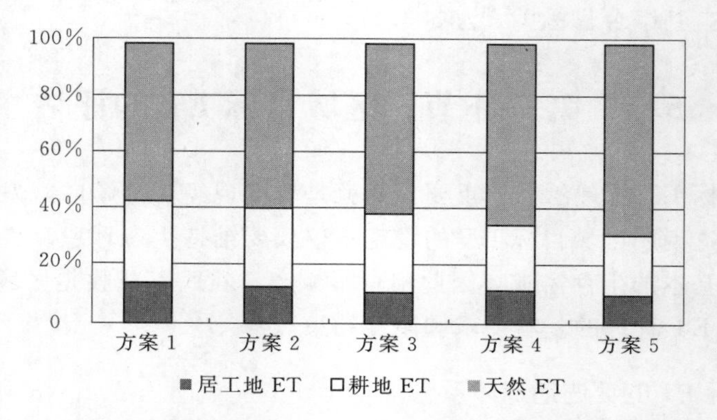

图 5.3　鄂尔多斯地区各方案目标 ET 组成比例图

年研究区域实际 ET 构成比例如图 5.5 所示。

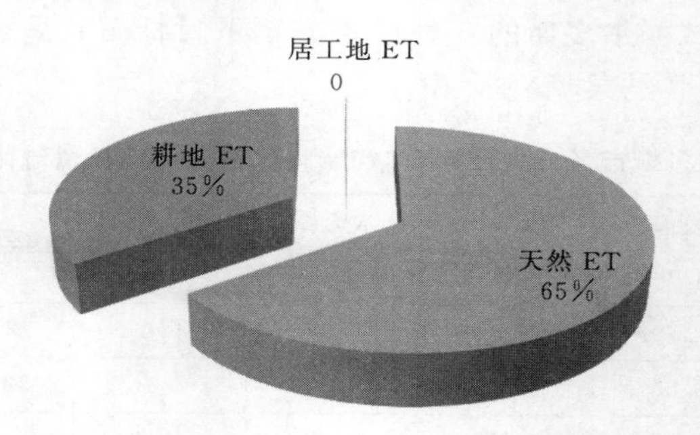

图 5.4　1990—1999 年鄂尔多斯地区实际 ET 组成比例图

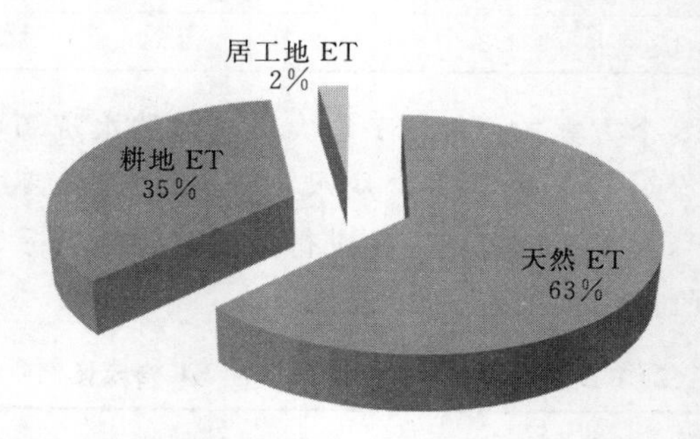

图 5.5　2001—2010 年鄂尔多斯地区实际 ET 组成比例图

可以看出，在 1990—2010 这 20 年的实际的构成比例基本没有太大变化，天然 ET 占 63%～65%，耕地 ET 占 35%，居工地 ET 占 0～2%。

如图 5.4 所示，将 2015 年研究区域鄂尔多斯的目标 ET 构成，与 1990—1999 年、2001—2010 年的实际 ET 构成比例进行对比分析，发现各个方案的居

工地目标 ET 所占比例大幅增加，大约为 12%～15%，天然目标 ET 在方案 1 中比例下降为 54%，耕地目标 ET 在各个方案中也下降明显，占 21%～29%。

通过对比分析，研究区域在 2015 年，目标 ET 中的居工地 ET 大幅增加，主要是由于经济发展，第二、三产业的用水需求增大，同时居工地的生态用水也成为计算居工地目标 ET 的一部分。耕地目标 ET 的比例在下降，是由于农业节水措施、农业种植结构的调整减少了耕地用水量，提高了用水效率。

(2) 分项上，区域目标 ET 的制定要维持地表径流的稳定性、地下水的采补平衡和水循环尺度的稳定性，不能过度开发地表水和超采地下水，以免引起河道断流、入海水量减少，河口生态恶化、地面沉降等生态环境问题。利用式 (3.22) 对研究区域鄂尔多斯的 5 种设置方案，区域目标 ET 下的地下水开采量与现状地下水开采量对比计算结果见表 5.15。

表 5.15　鄂尔多斯市各方案地下水开采量与现状的地下水开采量对比

各方案	目标 ET 下地下水开采量/万 m^3	现状地下水开采量/万 m^3	目标 ET 下与现状地下水开采量对比/万 m^3
方案 1	88800	96700	−7900
方案 2	88800	96700	−7900
方案 3	70000	96700	−26700
方案 4	80000	96700	−16700
方案 5	70000	96700	−26700

鄂尔多斯的地下水资源总储量为 16.5 亿 m^3，可开采量为 14.8 亿 m^3。通过计算，可以看出各方案的区域目标 ET 下的地下水开采量，与现状地下水开采量对比，均满足要求，而且是在逐步压采地下水。

(3) 对于下游部分沿海地区，过度引用地表水导致入海水量锐减。区域目标 ET 的制定须保证一定的入海水量，以维持河口生态平衡。对研究区域鄂尔多斯的 5 种设置方案，区域目标 ET 下的引黄水量与现状进行对比计算，结果见表 5.16。

表 5.16　鄂尔多斯市各方案引黄水量与现状引黄水量对比

各方案	目标 ET 下引黄水量/亿 m^3	现状的引黄水量/亿 m^3	目标 ET 与现状的引黄水量差值/亿 m^3
方案 1	7	7	0
方案 2	8	7	−1
方案 3	8	7	−1
方案 4	6	7	1
方案 5	6	7	1

根据国家水权分配方案，鄂尔多斯的过境水为黄河水量引用 7 亿 m^3，通过计算，可以看出各方案的区域目标 ET 下的引黄水量，方案 2、3 为扩大引黄水，与现状的引黄水量对比，要多出 1 亿 m^3 水，方案 4、5 与现状的引黄水量对比，要少引 1 亿 m^3 水。

2. 公平性原则

（1）自然条件相似的地区之间的单位面积上的目标 ET 应逐步趋近，人均 ET 应逐步趋近。目前主要有两种方法来判断地区之间的公平性，一是极值比法，极值比越大，差异越大，越不公平；二是用标准差 σ 来表示，σ 越小，说明差异越小。利用式（3.23）式（3.24）对研究区域鄂尔多斯的 5 种设置方案进行各区旗区域目标 ET 的极值比 k 和标准差 σ 计算，结果见表 5.17。

表 5.17　　鄂尔多斯市各方案目标 ET 的极值比和标准差

各方案	目标 ET 最大值/mm	目标 ET 最小值/mm	极值比 k	目标 ET 平均值/mm	标准差 σ
方案 1	864.65	321.55	2.69	468.79	165.40
方案 2	919.96	301.78	3.05	450.89	188.44
方案 3	815.82	294.93	2.77	432.95	158.94
方案 4	737.99	279.30	2.64	406.11	139.83
方案 5	683.15	263.67	2.59	383.27	128.24

经过计算，可以看出方案 2 的极值比 k 和标准差 σ 为 5 个方案中最大的，说明该方案的公平性较差。方案 5 的极值比 k 和标准差 σ 均在 5 个方案中最小，说明该方案的公平性较优。

（2）本着可持续发展和公平性原则，需要尽量实现“本地水本地用”，减少跨区域调水和地下水超采，因此区域目标 ET 的制定需要满足调配水量（含地下水超采和跨流域调水量）的绝对值最小的优化目标，利用式（3.25）对研究区域鄂尔多斯的 5 种设置方案进行各区旗区域目标 ET 的目标函数 Z 计算，结果见表 5.18。

表 5.18　　鄂尔多斯市各方案目标 ET 的目标函数

各方案	p/mm	目标 ET/mm	Z
方案 1	322.8	468.79	430705.4
方案 2	322.8	450.89	462040.4
方案 3	322.8	432.95	312245.0
方案 4	322.8	406.11	201016.4
方案 5	322.8	383.27	35299.8

经过计算，可以看出方案 2 的目标函数 Z 在 5 个方案中是最大的，说明该方案的可持续发展和公平性较差；方案 5 的目标函数 Z 在 5 个方案中最小，说明该方案的可持续发展和公平性较优。

3. 高效性准则

未来水平年的灌溉用水生产效率和工业用水生产效率要比现状年有所提高。灌溉 ET 在合理的范围内逐步减少，农业产量和产值不减少。根据表 8.1，研究区域耕地目标 ET 与 1990—2010 年的实际 ET 相比，所占比例下降了 10%，ET 值也有所下降，说明灌溉用水的生产效率有所提高。

4. 尊重历史与现状的原则

通过计算可知，5 种方案的目标 ET 均超过了当地水资源的可消耗量，其中方案 1 是现状方案，方案 2、3、4 都是在现状的基础上进行了引黄水量、地下水开采量的调整和变化，方案 5 是节水方案，这 5 种方案都充分尊重了研究区域的用水习惯和基本情况，且地下水压采方案要在现状超采量的基础上逐步压缩。不能因为要调整目标 ET 满足要求，而不考虑对生态环境、居民生活、经济发展和农业生产的影响，要充分地、综合地、协调地进行节水和控制目标 ET，才能使方案具有可行性、适应性，并对当地的经济、生态和社会发展产生可持续的、积极的影响。

5.3.2 方案综合评估

将研究区域鄂尔多斯的目标 ET 设置的 5 个方案进行综合评估，首先将各个评估指标进行汇总，见表 5.19。

表 5.19　　鄂尔多斯市各方案目标 ET 评估指标

各方案	ET 与水量对比	目标 ET 下与现状的地下水开采量对比/万 m^3	目标 ET 下与现状的引黄水量对比/万 m^3	k	σ	Z
方案 1	ET$>\Sigma W$	−7900	0	2.69	165.40	430705.4
方案 2	ET$>\Sigma W$	−7900	−10000	3.05	188.44	462040.4
方案 3	ET$>\Sigma W$	−26700	−10000	2.77	158.94	312245.0
方案 4	ET$>\Sigma W$	−16700	10000	2.64	139.83	201016.4
方案 5	ET$>\Sigma W$	−26700	10000	2.59	128.24	35299.8

将各个方案的评估指标进行排序，找到总排序最小的方案为最优方案，见表 5.20。经过综合评估的排序合计，方案 2 是 5 个方案中最差方案，方案 5 为最优方案，具体排序为：方案 5>方案 4>方案 3>方案 1>方案 2。

表 5.20　　鄂尔多斯市各方案目标 ET 综合评估

各方案	评估指标及排序位次						
	ET 与水量对比	目标 ET 下与现状的地下水开采量对比/万 m^3	目标 ET 下与现状的引黄水量对比/万 m^3	k	σ	Z	排序位次合计
方案 1	1	3	2	4	4	4	18
方案 2	1	3	3	5	5	5	22
方案 3	1	1	3	3	3	3	14
方案 4	1	2	1	2	2	2	10
方案 5	1	1	1	1	1	1	6

5.4　小　　结

本章确定了鄂尔多斯市目标 ET 计算设定水平年为 2015 年，降水量取 1961—2010 年系列的年均值（322.8mm），降水分布取 8 个水资源三级区单元 1961—2010 年系列的均值，入境、出境和入海水量根据不同的跨流域调水和超采地下水量组合设定，共设置 5 个方案进行计算。

（1）方案 1 和当前 2010 年用水保持一致，过境水根据国家水权分配方案为黄河水量引用 7 亿 m^3，地下水为可开采量的 60%为 8.88 亿 m^3，闭流区水量不变为 1.75 亿 m^3。

（2）方案 2 为扩大黄河水引用量至 8 亿 m^3。

（3）方案 3 为在扩大黄河水引用量的基础上，压采地下水至 7 亿 m^3。

（4）方案 4 为减少黄河水引用量至 6 亿 m^3，同时地下水压采至 8 亿 m^3。

（5）方案 5 为减少黄河水引用量至 6 亿 m^3，同时地下水压采至 7 亿 m^3。

经过计算天然目标 ET、耕地目标 ET 和居工地目标 ET，方案 1 综合目标 ET 为 468.79mm；方案 2 综合目标 ET 为 450.89mm；方案 3 综合目标 ET 为 432.95mm；方案 4 综合目标 ET 为 406.11mm，方案 5 综合目标 ET 为 383.27mm。

将研究区域鄂尔多斯的目标 ET 设置的 5 个方案进行评估指标计算，主要包括可持续性判断的 3 个指标，公平性的 3 个指标和高效性评估分析。将各个方案的评估指标进行排序，并找到总排序最小的方案为最优方案。较优方案的排序为：方案 5>方案 4>方案 3>方案 1>方案 2。

第6章

引黄灌区二期水权转让模式研究

黄河流域属资源性缺水流域，供需矛盾突出，1987年国务院批准的黄河可供水量分配方案将黄河的580亿m^3水资源总量扣除输沙、生态和损失之后的370亿m^3水量分配到沿黄河9个省（自治区）和河北省、天津市。近年来，随着我国西部大开发战略的实施，黄河流域各省区经济社会的快速发展，各省区耗用黄河水量快速增加，按照“丰增枯减”原则，部分省区耗用黄河水量指标已接近或超过国务院批准的黄河可供水量分配指标。1999年3月实施黄河干流水资源统一调度管理以来，按照黄河可供水量分配方案，宁夏回族自治区、内蒙古自治区几乎年年超过当年调度指标，新建工业项目的用水受到黄河取水指标的限制，水资源缺乏严重制约了经济社会的发展。

黄河水资源利用呈现出一种相互矛盾的局面。一方面随着流域及相关地区的经济发展，工农业用水和人民生活用水的急剧增长，水资源供需矛盾日益尖锐；另一方面，沿黄地区在黄河水资源利用问题上又普遍存在着惊人的浪费现象，尤其在农业用水中表现最为明显，不少地区仍然大水漫灌，渠系不配套，且年久失修，绝大部分没有衬砌，渠系水利用系数较低，如宁蒙自流引水灌区的渠系水利用系数仅为0.4，即60%的水量都被浪费了。在黄河可供水量既定的情况下，要解决黄河水资源的供需矛盾，只能从节约用水、提高用水效率方面想办法。

为此，黄河水利委员会（黄委）、宁夏回族自治区和内蒙古自治区于2003年开展了水权转让试点工作，提出“投资节水、转让水权”的新思路，由工业企业出资，对灌区节水工程进行改造，节约出的水量转让给工业企业，探索出一条解决干旱地区经济社会发展用水的新途径。

根据宁夏回族自治区中期、远期的社会经济发展趋势和水资源需求展望，分析宁夏的水资源情况，可以做出以下判断：宁夏水资源将向着供需矛盾更加激化的方向发展。这主要是基于以下几点进行考虑的：

（1）宁夏分配的水权指标已经超用。国务院批准的黄河可供水量分配方案分配给宁夏的指标为40亿m^3。1999—2008年统计结果表明，黄河水量统一调度10年以来，宁夏每年都超分配指标用水，已经触及总量控制的“红线”。目前水资源问题已经成为制约宁夏经济社会发展的瓶颈。

（2）需求增长旺盛。宁夏未来对水资源的需求主要体现在三个方面。第一，宁东煤炭能源重化工基地建设，宁东煤炭能源重化工基地已经成为国家重点能源基地，发展的速度会越来越快，发展规模会越来越大，而煤炭能源化工是高耗水行业，对水的需求会越来越大。第二，中部干旱带和南部缺水山区的群众要向水资源条件较好的地区移民，移民后对水资源的需求急剧增长。第三，生态景观对水的需求也呈现不断增长的趋势。

应对宁夏水资源供需矛盾不断激化的对策，需要进一步提高水资源的利用效率和效益，以水资源可持续利用支撑宁夏经济社会可持续发展。据此，应该进一步深化水权转让的实施，丰富和扩展黄河水权转让模式，通过经济手段的引入，促进水资源从低效率低效益的状态向高效率高效益的状态流动和转化。

根据宁夏水资源利用与经济发展特点，确定宁夏未来水权转让模式主要包括现代农业节水水权转让、跨地市水权转让、国家投资节水项目水权转让以及扬黄灌区水权转让。下面分别对四种水权转让模式的可行性及特点进行分析。

6.1　现代农业节水水权转让

宁夏引黄灌区节水措施主要有灌区工程措施节水（包括输水渠系布局调整、渠道防渗衬砌、配套等），高新技术节水（包括喷灌、滴灌等），控制和合理利用地下水，种植结构调整，以及管理节水等措施。考虑到工程措施节水具有稳定、可靠、长效的特点，并且节水工程投资直观，便于进行水权转让费用的测算，因此，在一期水权转让中将可转让的节水量限定在工程措施所节约的水量。一期开展的水权转让主要是对渠系进行衬砌改造的工程节水量的转让，进入田间的水量并未参与水权转换。

随着科学技术及监测手段的进一步完善，非工程措施节水完全可以满足可转让水量的要求，因此，适时启动现代农业节水水权转让是非常必要的。

6.1.1　现代农业节水水权转让的必要性

（1）宁夏未来水资源供需矛盾尖锐。宁夏矿产资源丰富，宁东煤田已探明储量 270 多亿 t，居全国第六位，占全区已探明储量的 87%，煤田地质条件好，开采条件佳，采掘成本低，且煤质优良，是优良的动力和气化用煤。宁东能源基地是宁夏回族自治区近期重化工基地的重点开发建设区域，建设项目以煤炭、电力、化工为主。根据相关资料分析，2011—2015 年期间，宁东能源重化工基地年新增需水量 14236 万 m^3，2016—2020 年期间年新增需水量 9841

万 m^3，2010 年水平年能源基地需水量预测为 2.30 亿 m^3，2020 年水平年需水量达到 6.84 亿 m^3。

根据《宁夏黄河水资源县级初始水权分配方案》，在正常来水年份，灵武市分配水量为 1.96 亿 m^3，其他年份按照同比例丰增枯减、多年调节水库蓄丰补枯的原则确定可耗用的水量，水资源供需缺口较大。

为了解决宁东能源重化工基地的缺水问题，在目前黄河分配水权指标不可能再增加的条件下，必须在完成一期水权转让工程的基础上，启动二期水权转让工作，缓解能源基地水资源供需矛盾。

（2）是推进宁夏现代农业节水建设步伐的需要。党的十七大指出：把建设社会主义新农村作为战略任务，把走中国特色农业现代化道路作为基本方向，把加快形成城乡经济发展一体化新格局作为根本要求，坚持工业反哺农业、城市支援农村和多予少取放活方针，加强农业基础设施建设，增加农民收入，推动农村经济又好又快发展。

通过实施水权转换一期工程，首先对引黄灌区渠道进行了衬砌，提升了灌区的渠系水利用系数，减少了渠系渗漏损失，而进入田间的水量并没有发生变化，但传统农业生产模式、大水漫灌、种植结构不合理等问题仍然比较突出。因此，为了促进引黄灌区农村产业的集约化、现代化发展，需要进一步提升灌区的灌溉水平和农业生产水平，用现代高效节水技术来武装农业，实现传统农业向现代农业的根本转变。

实施现代农业节水水权转让，是对水权转换试点阶段成果的巩固，由于引进了更为先进的喷灌、滴灌等现代高效节水设施农业，在优化水资源配置、缓解水资源供需矛盾，提升灌区灌溉管理水平以及推动地区农业现代化发展等方面，都有着重要的意义。因此，启动现代农业节水水权转让是非常必要的，也是十分紧迫的。

6.1.2 现代农业节水水权转让的有利条件

（1）宁夏引黄灌区仍具有较大的节水潜力。根据《宁夏回族自治区黄河水权转让总体规划》，引黄灌区到 2010 年总节水潜力为 11.19 亿 m^3（见表 6.1），其中渠道砌护可节水 2.66 亿 m^3，干渠合并改造可节水 2.16 亿 m^3，农业种植结构调整及田间节水工程可节水 4.27 亿 m^3，工业可节水 0.33 亿 m^3，井灌工程可节水 1.77 亿 m^3。

引黄灌区到 2015 年总节水潜力为 14.68 亿 m^3，其中渠道砌护可节水 4.88 亿 m^3，干渠合并改造可节水 2.16 亿 m^3，农业种植结构调整及田间节水工程可节水 4.27 亿 m^3，工业可节水 0.38 亿 m^3，井灌工程可节水 2.99 亿 m^3。

表 6.1　　引黄灌区节水潜力汇总表　　单位：亿 m^3

年份	渠道砌护	干渠改造	种植结构调整	改进地面灌溉技术	工业节水	井灌工程	合计
2010	2.66	2.16	3.07	1.20	0.33	1.77	11.19
2015	4.88	2.16	3.07	1.20	0.38	2.99	14.68

以灌区渠道砌护、干渠合并、种植结构调整、田间工程以及井灌工程五项节水潜力作为可转让水量计算的基础，则 2010 年灌区总节水潜力为 10.86 亿 m^3，2015 年灌区总节水潜力为 14.3 亿 m^3。

宁夏 2003 年开始水权转让试点实践。一期水权转让实施以来，黄河水利委员会共批复转让水量 9650.9 万 m^3，占 2010 年灌区节水潜力的 8.9%，占 2015 年灌区节水潜力的 6.75%，由此可知，宁夏引黄灌区节水潜力巨大。

（2）具有良好的基础及经验。宁夏一期水权转让从 2003 年开始实施，在水权转让实施过程中，初步形成了水权转让管理体系、技术体系以及监测体系，有序稳妥地开展了水权转让工程建设和管理工作，并实现了多赢的效果。

6.1.3　现代农业节水水权转让的不利条件

（1）一期水权转让进度缓慢影响了后期水权转让的实施。宁夏一期水权转让项目进度缓慢，除了宁夏灵武电厂、宁东马莲台电厂以及水洞沟电厂节水改造工程基本完成外，但至今没有得到黄委核验；其余水权转让项目均没有完成实际批复的节水工程。造成一期水权转让进度缓慢的原因是多方面的，既有政策制约方面的原因，也有工程建设进展等原因。

但是由于水权转让在我国是新兴的事物，没有成功的经验可供借鉴，因此流域管理机构对水权转让采取积极稳妥推进的态度，如果一期水权转让项目没有按时完成，势必会造成二期水权转让项目的审批更加困难，因此，一期水权转让的进度缓慢必然会影响到后期水权转让的实施，宁夏水利厅应该加快一期水权转让的实施进度，尽快向黄委申请组织节水工程的核验。

（2）水权转让价格超过企业的承受能力。为推动三个试点项目能够尽快上马和得到黄委审批，三个试点项目水权转让协议签订时，自治区政府承诺出资 1/3，企业只出资 2/3。据此，一期水权转让单方水价格 2.68～3.10 元。除三个试点项目外，其他的水权转让项目转让资金由企业完全承担，单方水转让价格 7.3～10.52 元，比一期水权转让项目单方水转让价格高 3 倍左右，而且随着干渠衬砌完毕，以后的水权转让项目包括支渠、斗农渠的衬砌以及现代农业节水技术的实施，转让价格必然更高，这显然对受让方是不公平的。由于宁夏大部分项目为招商引资项目，投资商能否承受这一价格还有待认定。因此，需要统筹考虑宁夏水权转让工程的布设，尽量缩减企业由于建设的先后而引起的

效益不公平性。

6.2 跨地市水权转让

鉴于跨行政区域水权转换的复杂性和水权明晰程度的限制，近年来黄河的水权转换主要在一个省（自治区）内部进行，不跨地（市、盟），且实施的是农业用水向工业用水的转换。

由于受到各地水资源紧缺程度、经济发展速度等因素影响，各地区水权转换工作进度不均衡。随着经济社会的进一步发展，必然会有一些地市大量缺少用水指标，而另一些地市由于社会经济发展缓慢而有大量用水指标闲置。一方面是一个地市级行政区域的工业企业因为水资源的制约无法上马，另一方面是另一个地市级行政区域的水资源浪费严重，有巨大的节水潜力。在这种情况下，在对省区总量控制不变的前提下，打破地市级行政区划限制，积极探索省区内跨地市的水权转让，适时启动跨地市水权转让的试点是非常必要的。

《国务院关于进一步促进宁夏经济社会发展的若干意见》中明确提出："将宁东基地列为国家重点开发区"，并"适应市场需求，高起点、高水平地把宁东建设成为国家重要的大型煤炭基地、煤化工产业基地、'西电东送'火电基地，实现资源优势向经济优势转变，促进形成新的经济增长点"。因此，宁东能源基地必将成为宁夏新的水资源消耗区域，大量耗水产业的投入将使得宁夏水资源供求矛盾日益加剧。根据需水量预测，宁东能源基地2010年需水量2.30亿m^3，到2020年需水量达到6.84亿m^3。在此情况下，要满足未来宁东能源基地的用水需要，必须通过跨地市水权转让来实现。

6.2.1 跨地市水权转让的特点

鉴于跨地市黄河水权转让的复杂性和特殊性，对现阶段跨地市黄河水权转让界定如下，将来随着跨地市黄河水权转让实践的完善，可逐步扩大实施范围：

（1）跨地市黄河水权转让仍是指取水权有限期的转让。

（2）跨地市黄河水权转让在同一省区级行政区域的不同地（市、盟）级行政区域间进行。

（3）跨地市黄河水权转让重点是农业节水向工业用水的转换。农业节水包括工程措施和非工程措施节水、自流灌区节水和扬水灌区节水等。

6.2.2 跨地市水权转让的有利条件

（1）初始水权细化为跨地市水权转让提供了前提条件。初始水权关系着水管部门和农民的直接利益，明晰初始水权是水权转让的基础，必须建立在水量科学分配的基础上。根据 1987 年国务院《黄河可供水量分配方案》分配给宁夏 40 亿 m^3的耗水指标，本着尊重历史、照顾现状和考虑未来的原则，宁夏回族自治区水行政主管部门组织科研单位编制完成了《宁夏回族自治区黄河水资源初始水权分配方案》，明晰了各市及灌区生产、生活和生态用水的初始水权，提出了引水量、耗水量控制指标。黄委于 2004 年在《关于宁夏回族自治区黄河水资源初始分配方案的复函》（黄水调〔2004〕31 号）对该方案进行了批复，2005 年根据该方案确定了各干渠引水权和各直开口用水权，并按照用水权进行了供水，实现了水权的初始细化。2009 年自治区政府批复了《宁夏黄河水资源县级初始水权分配方案》，明晰了各市、县（区）黄河初始水权，建立了覆盖自治区、市、县（区）三级水权分配体系，实现了全区水资源总量控制的刚性约束。宁夏初始水权细化到县的工作，为水资源作为一种“准商品”在水市场中进行区域间的转让提供了前提条件。

（2）地方法规的建立和完善为跨地市水权转让提供了法律基础。以《黄河水权转让管理实施办法（试行）》的出台为标志，具有黄河特色的水权转让管理制度已经初步建立，2009 年进行了修订，出台《黄河水权转让管理实施办法》，该办法提出了黄河水权转让的原则，规定了黄河水权转让审批权限和程序，建立了黄河水权转让的几项管理制度，初步规范了黄河水权转让的行为。

为使宁夏黄河水权转让工作能够顺利有序地进行，规范自治区水权转让行为明确出让方和受让方的责、权、利，使水权转让工作有章可循，规范管理，宁夏回族自治区水行政主管部门组织有关科研单位，根据《中华人民共和国水法》、国务院《取水许可制度实施办法》和《水利部关于内蒙古宁夏黄河干流水权转让试点工作的指导意见》、黄河水利委员会《黄河水权转让管理实施办法（试行）》，结合自治区黄河水资源开发利用和管理的实际，编制了《宁夏黄河水权转让总体规划报告》，制订了《宁夏黄河水权转让实施意见》《宁夏黄河水权转让实施细则》《宁夏黄河水权转让资金使用管理办法》等相关制度。进一步明确了黄河水权转让的指导思想、基本原则、基本条件，对水权转让审批权限与程序、水权转让技术文件的编制要求、水权转让期限与费用以及组织实施和监督管理等进行了详细的规定，并对水权转让工作开展中可能出现的问题提出了处罚办法。

通过近 8 年来自治区水权转让实际工作，积极探索水权转让理论，加强制度建设和政策研究，自治区制定的一系列规章制度为日后指导跨地市水权转让工作顺利开展提供了法律基础。

（3）一期水权转让的实践为跨地市水权转让提供技术支撑。在一期水权转让过程中，水行政主管部门对于水权转让的步骤、政策、资金的筹集、管理等

方面积累了大量经验。国内众多科研机构对水权转让的模式、可转让水量、水权转让费及补偿问题等关键技术进行了大量研究，初步形成了水权转让的理论体系，为进行跨地市水权转让提供了技术支撑。

（4）管理部门支持水权交易是跨地市水权转让的政治保障。宁夏回族自治区党委、政府对水权转让试点工作非常重视，成立了由自治区政府、发改委、水利、经贸等部门组成的水权有偿转让试点工作协调小组，由自治区副主席任组长，具体协调指导水权转让试点工作，成立了水权转让项目办公室，设在水利厅。自治区水利厅全面负责水权转让工作，把水权转让试点工作作为水利工作的头等大事，摆在了重要的议事日程，多次组织有关部门召开专题会议研究部署；各部门各负其责，将水权转让工作落到实处。国家和自治区政府对水权转让工作的大力支持，为跨地市水权转让提供了政治保障。

6.2.3 跨地市水权转让的不利条件

跨地市水权转让是两个地（市）之间的转让，涉及的相关利益方更为复杂，实施难度更大，需要谨慎协调各相关利益方关系，维护各方权益。因此，跨地市水权转让实施中需要解决的关键问题是相关利益方的补偿问题，需构建完善的运行机制，充分发挥各级政府部门的协调能力，有效指导跨地市水权转让顺利实施。

6.3 国家投资节水项目水权转让

宁夏中部干旱区荒漠化面积占宁夏总土地面积的70%以上，风蚀沙化严重，降水量不到蒸发量的10%，水资源极度匮乏，南部旱、涝等灾害频繁，自然资源奇缺。为了从根本上改善宁夏中、南部地区的自然环境和群众生产、生活条件，从20世纪60年代开始，国家投入大量资金，相继建成固海、盐环定、红寺堡和固海扩灌四大扬水工程，建成中型扬水工程9处，小型扬水工程750处，扬水新灌区23.01万hm^2。

对于宁夏回族自治区内国家投资的节水项目，这些节水工程提高了灌区水资源利用效率，节约了水量，为区域经济发展提供了水资源保障。但是在运行的过程中，由于扬水工程的扬程高、输水距离远，因此维护费用多，运行成本高，加之水价偏低、财政补贴逐年减少等原因，使得这部分国家投资的扬水工程运行管理难度越来越大，工程损坏严重。因此，如何通过水权转让的模式引入资金，解决国家投资节水工程项目运行维护资金短缺的现状，实现国家投资节水工程的可持续发展，是需要研究解决的问题。

国家投资节水项目如何实施水权转让，应在实地调配、了解情况的基础上，分析国家投资节水项目的特点，工程所在区域的社会、经济、农业发展情况，以及转让的基础条件等，进行可行性分析。

6.3.1　国家投资节水项目特点

（1）工程特点。国家投资的节水项目主要为宁夏回族自治区扬黄灌区的节水改造工程。目前，宁夏区内的扬黄灌区各级渠道工程基本上已衬砌完毕，若想进行水权转换，节水量只能从泵站改造、增加供水能力、扬水灌区田间配套工程或结构调整上进行挖潜。国家投资节水项目的显著特点是扬黄灌区水价成本高，且目前农业供水又远没有达到设计能力。水价成本高，主要体现在除了一般自流灌区的节水工程费用以外，还需要考虑扬水所需的动力费、泵站建设费等，这就会导致在水权转换时，会使出让方工业企业考虑到经济效益比，由于要承担更多的水权转让费用，而使国家投资扬黄灌区的水权转让处于被动、落后的地位。

（2）区域特点。国家投资的节水项目，一般更侧重于区域经济的均衡发展，更侧重于老、少、边、穷地区的节水改造。对于宁夏回族自治区，国家投资节水项目的供水区域多属于国家级贫困地区。这些地区在区域、经济、文化方面存在一些的共同点：地处偏远，土地贫瘠，自然灾害频繁，交通不便，信息闭塞，教育水平低，科技落后，文化卫生事业不发达，经济基础薄弱，社会保障水平十分低下。人口较多且文化素质不高，其生产方式传统，生产手段落后，产业结构单一，仍以第一产业为主。贫困地区第一产业内部以种植业和牧业为主，农业是主要就业渠道和收入来源，非农产业普遍不发达，失业和半失业大量存在，市场规模狭小，市场发育程度低下，生产经营分散，空间集聚性较弱。贫困地区投资环境恶劣，资本形成能力严重不足，投资效益低下，生态严重失调。

如果像自流灌区一样搞水权转换，对发展贫困地区的经济社会肯定会产生一定的影响，而且这种影响不一定是积极、良好的。

（3）转让特点。国家投资的节水项目，进行水权转让时，会存在以下特点：①如果考虑国家投资节水工程费用部分，将其纳入到转让费用中，会导致水权转让的费用高，由于没有市场竞争力和优选性，会出现转让不出去或没有出让方的特点；②如果不考虑国家投资部分，由于这部分水量的成本是由国家投资的，其单方水投资及成本会比其他的水权转让项目费用低，因而也更具有竞争力和优选性。但如果按照水权转让费用扣除掉国家投资部分，即节水工程建设费用（包括节水工艺技术改造、节水主体工程及配套工程、量水设施等建设费用），剩余的为国家投资节水项目水权转让费用，显然此转让费用偏低，势必引起受让方争相购买，形成恶性竞争购买。由于现在二级水市场还没有形

成，势必会影响到水权转让市场的稳定和良性运转。

6.3.2 国家投资节水项目水权转让有利条件

黄河流域属资源性缺水流域，供需矛盾突出。1999年3月实施黄河干流水资源统一调度管理以来，按照黄河可供水量分配方案，宁夏回族自治区几乎年年超过当年调度指标。按照党的十六大提出的实现全面建设小康社会的目标，在2002年以后的十年内，宁夏回族自治区的经济将保持快速增长。沿黄地区资源丰富，发展电力及煤化工工业是实现这一地区经济快速增长的必由之路，也是保障我国能源安全的重要基地。沿黄地区的工业快速发展需要水资源作为保障，使得这一地区水资源供需矛盾更加突出。

水资源短缺造成了宁夏地区经常超指标使用黄河水，其解决水资源短缺的传统办法是增加黄河取水量，但在整个黄河流域水资源短缺的形势下，增加水资源供给的传统办法走入了死胡同。鉴于宁夏地区已无余留水量指标和黄河水资源日益紧张的现实，黄委从2001年起，再未同意宁夏从黄河干流增加取水的要求，未来地区发展已不可能再把增加用水的希望寄托于增加黄河水的配置。

从宁夏回族自治区现状用水情况看，灌区引黄水量占到总用水量的90%～96%。由于沿黄灌区大多兴建于20世纪五六十年代，工程配套程度较低，且老化失修，节水工程建设缓慢，现状渠系水利用系数仅为0.35～0.45，有一多半的水在输水过程中损失掉，宁、蒙两区水资源短缺还与用水结构不合理、农业灌溉用水浪费严重有关。宁夏回族自治区用水比例严重失衡，农业用水占总用水量的比例高达90%～96%，而渠系水利用系数仅约0.4，有一半多的水在输水过程中浪费掉。宁夏引黄灌区的亩均毛用水量高达1000多m^3，是全国平均水平的2.4倍。水资源的利用效率较低，具有较大的节水潜力，通过节水改造工程建设，在确保灌区正常发展用水的同时，仍有较大的水权转让能力。

因此，在水资源比较丰富、用水矛盾不突出的地方，一般不会产生对水权交易的迫切需求。而该区域的现实状况、水资源短缺、用水竞争激烈使其具有水权转让的外部环境。扬黄灌区如何实施水权转换应结合扬黄灌区特点，开展积极探索和研究。目前水权转换只是在引黄灌区的自流灌区开展，随着水权转换工作的不断深入，宁夏扬黄灌区的水权转换也提到了议事日程。随着经济社会的不断发展和人类生活的逐步提高，水资源供需矛盾的日益尖锐，水权转换工作将不仅是目前这种自流引黄灌区向工业的转换，还会出现扬水灌区向工业的转换、农业向城市生活的转换，甚至在同行业间也会出现水权转换。

6.3.3　国家投资节水项目水权转让不利条件

（1）工程特点不利于水权转让。国家投资节水项目的显著特点是扬黄灌区水价成本高，且目前农业供水又远没有达到设计能力。水价成本高会导致在水权转换时，由于要承担更多的水权转让费用，会使出让方工业企业考虑到经济效益比，从而使国家投资扬黄灌区的水权转让处于被动、落后的地位。

（2）区域特点不适用于水权转让。对于宁夏回族自治区，国家投资节水项目的供水区域多属于国家级贫困地区。这些地区地处偏远，生产方式传统，生产手段落后，产业结构单一，第一产业内部以种植业和牧业为主，农业是主要就业渠道和收入来源，非农产业普遍不发达。如果像自流灌区一样搞水权转换，对发展贫困地区的经济肯定会产生一定不良的影响。随着经济的发展和社会的进步，贫困地区也会逐步发展地方经济，转变生产方式，调整产业结构，大力发展工业，水资源作为一种基础资源很重要，而在需要用水时又无水可用，将会不利于这些地区社会经济的快速发展。国家投资节水项目集中在贫困地区的目的，也是为了改善其基础设施，加速地方经济发展，如果把这部分节水量进行水权转换到工业相对发达的地区，一是违背了国家投资的初衷，二是对贫困地区的经济发展将是雪上加霜。

（3）转让特点不利于水权转让。国家投资的节水项目，进行水权转让时存在的特点会导致两种结果：要么因为费用太高无人问津，要么因为费用太低而恶性竞争。同时，考虑到国家是出资方，而节约的水量被地方进行水权转换成为收益，作为收益的主体不太恰当，因此，因转让特点和收益主体不恰当而不具备水权转让的可行性。

综上所述，虽然宁夏回族自治区的现实状况、水资源短缺、用水竞争激烈使其具有水权转让的外部环境，但是经过对国家投资节水项目的工程、区域和转让特点以及水权转让的可行性进行分析，认为国家投资的节水项目不适宜作水权转让。

6.3.4　国家投资节水项目水权转让方式探讨

总量控制原则是促进水资源合理开发和生态环境保护，实现水资源可持续利用，保证水权转让双方经济和社会可持续发展的重要保证。黄河水权转让总的原则是不新增引黄用水指标，对各省区引黄规模控制的依据是国务院批准的《黄河可供水量分配方案》，故黄河流域跨地市水权转让必须在国务院批准的黄河可供水量分配方案指标内进行。国家投资节水工程的节水量优先用于偿还近年宁夏实际耗用水量超过国家分配的年度计划用水量。如若通过其他手段或措施，例如非工程措施、其他工程偿还等，已还清了超用水量，剩余部分水量由

于不符合转让条件，不再进行转让。

6.4 扬黄灌区水权转让

6.4.1 开展扬黄灌区水权转让的必要性

（1）中部干旱带在全区经济社会发展中具有重要的战略地位。中部干旱带集中了全区近1/2的土地资源，聚居了全区1/4的人口，是待开发的大柳树生态灌区的主要组成部分。已探明有煤炭、冶镁白云岩、石膏等20多种矿产资源，是该区矿产资源最集中的地区之一，是自流灌区连接南部山区经济、文化和信息交流的重要纽带，在全区经济社会发展中具有重要的战略地位。随着土地、矿产资源的有序利用开发，中部干旱带将成为全区经济发展最具潜力的地区之一。

（2）扬黄工程为全区经济社会发展做出了巨大贡献。长期以来，由于严酷的自然条件，尤其是干旱缺水严重制约了中部干旱带经济、社会和生态环境的发展。20世纪70年代以来，在国家的大力支持下，在该地区及自流灌区边缘兴建了同心、固海、盐环定等一批大中型扬黄工程以及在建的扶贫扬黄灌溉一期工程，开发灌区160多万亩，解决了70多万贫困人口的温饱和饮水困难问题，对推进中南部地区扶贫开发发挥了重要作用，为全区经济社会发展做出了重大贡献。中部干旱带荒漠化状况得到了极大改善，并形成了若干片生态绿洲，谱写了人进沙退的新篇章。通过移民搬迁，有效缓解了南部山区人口对资源环境的压力。扬黄灌区以草畜产业、马铃薯、硒甜瓜为主的特色农业基本形成。特别在近几年的大旱中，扬黄工程成为中部干旱带的生命工程和生态保障工程，对保障人畜饮水安全、经济发展、社会稳定和改善生态环境起到了决定性作用。随着扬黄灌区的发展，群众生产生活条件及文化教育、医疗卫生条件明显改善，农民的思想观念、生活方式明显转变，地区社会稳定，民族团结，为新农村建设和构建和谐宁夏打下了良好的基础。

（3）扬黄灌区经济发展面临着严重的结构性障碍。灌区经济结构单一，第二、三产业发展滞后，特别是工业还处于起步阶段；产业结构简单，特色产业及农产品加工业企业规模小、水平低；水资源配置不合理，绝大部分水资源用于农业，工业和生活用水比重很低，水资源利用效率和效益不高；农业经济增长方式粗放，农业科技服务体系不健全，科技对农业的支撑作用不强，传统农业比重较大，农民增收的长效机制还没有形成；由于单一的经济结构和粗放的经济增长方式，严重制约着扬黄灌区乃至中部干旱带的可持续发展。

（4）扬黄工程老化失修，供水效率和用水效益下降。扬黄工程大都是多泵站、高扬程、远距离调水，运行成本高；自工程建成以来，一直没有按运行成本收缴水费；各级财政对扬黄工程补贴不足；水管单位收不抵支，运转困难，工程没有得到及时的维修改造。2006年四大扬水工程运行管理总费用10720万元，其中电费4047.3万元，占37.8%；人员工资3621.4万元，占33.8%；工程维修费783.9万元，占7.3%，远远低于规范要求的40%；水费收入4921.3万元，财政补贴2372万元，资金缺口达3426.7万元。

大部分扬黄工程已运行二三十年，机电设备超期服役，工程老化失修，扬水耗能增大、效率下降，影响工程安全运行和供水效益。36.5%的压力管道存在安全隐患，渠道完好率仅35.7%，水工建筑物完好率为55.8%，安全性越来越差，效益越来越低。

(5) 排水设施不配套，局部地区盐渍化问题开始显现。由于投入不足，致使扬黄灌区排水设施不配套，排水不畅，局部地区出现盐渍化问题，影响了农业的可持续发展。

(6) 扬水工程运行效益未能充分发挥。目前扬水工程实际灌溉面积7.89万hm^2，为设计灌溉面积的62.3%。除固海扬水工程实际灌溉面积超过设计灌溉面积外，盐环定、红寺堡、固海扩灌扬水工程效益均没有发挥出来。盐环定扬水设计灌溉面积2.14万hm^2，实际灌溉面积0.84万hm^2，为设计灌溉面积的39.3%；红寺堡和固海扩灌扬水工程设计灌溉面积5.33万hm^2，目前有效灌溉面积3万hm^2，为设计灌溉面积的56.3%。

由此可以看出，解决扬黄灌区现状存在问题，需要开展水权转让，引入市场机制，增加灌区投入，逐步提高供水效益。通过开展扬黄灌区水权转让，可以从以下三方面改善扬黄灌区现状：

(1) 通过引入市场机制来增加灌区投入，解决国家投入的不足，加快灌区现代化建设速度。

(2) 通过渠道衬砌、配套工程建设、田间工程、高新技术应用以及种植结构调整等工程措施与非工程措施，提高扬黄灌区水利用系数，改变传统农业用水方式，减少水资源无效利用。

(3) 节约的水量转让到效益较高的工业企业，从而实现水资源从低效益低效率用途向高效率高效益用途的改变。

6.4.2　开展扬黄灌区水权转让的有利条件

(1) 有节水潜力。目前扬黄灌区各级渠道工程基本上已衬砌完毕，只能从泵站改造、增加供水能力或在扬水灌区田间配套工程及结构调整上进行挖潜。以宁夏固海扬黄灌区为例，灌区干、支、斗渠基本已衬砌完毕，仅有农毛渠没有衬砌。根据宁夏水利厅灌溉局统计，干渠渠道水利用系数0.87～0.88，农

渠渠道水利用系数0.85，渠系水利用系数0.46。根据《宁夏引黄灌区唐徕渠渠道输水损失与地下水动态试验研究》报告，各级渠道在不同砌护率情况下的渠道水利用系数以及不同砌护率的渠系水利用系数见表6.2。

表6.2　　不同砌护率渠道水利用系数表

砌护率/%	渠道水利用系数			渠系水利用系数
	干渠	支、斗渠	农渠	
＜30（现状）	0.74	0.73	0.87	0.47
30	0.74	0.74	0.89	0.49
40	0.76	0.75	0.90	0.51
50	0.79	0.77	0.90	0.55
60	0.82	0.78	0.91	0.58
70	0.84	0.79	0.91	0.60
80	0.87	0.80	0.92	0.64
90	0.90	0.82	0.93	0.69
100	0.93	0.83	0.93	0.72

将固海灌区渠道及渠系水利用系数与表6.2对比分析，固海灌区干渠基本衬砌完毕，渠道水利用系数较高，节水潜力不大；农渠渠道水利用系数较低，还有一定的节水空间；灌区渠系水利用系数也较低，也有一定的节水空间。

固海灌区年均引水量约25000万m^3，通过农渠衬砌，将渠系水利用系数提高到0.64，年可节约水量为0.45亿m^3。

扬黄灌区大多数扬黄工程老化失修，以致供水损耗大，效率低，通过增加投资对扬黄泵站进行改造，节水潜力较大。

另一方面，固海灌区农业用水方式粗放，田间配套工程及供水能力较差，大水漫灌现象严重，田间水利用系数较低。因此，通过采取田间配套、田块调整、高新节水技术以及种植结构调整等，可以产生一定的节水量。

因此，从节水潜力上分析，在宁夏扬黄灌区开展水权转让是可行的。

（2）有转让实例。内蒙古水权转让进展较快，内蒙古鄂尔多斯市一期水权转让将鄂尔多斯市引黄灌区衬砌完毕，已没有多余的水量可以转让。因此，在鄂尔多斯市二期水权转让中，对扬水灌区进行了改造，通过泵站更新改造，田间工程配套，喷灌、滴灌等高新节水技术应用，渠道衬砌、种植结构调整等多种节水措施的综合应用，将扬黄灌区建设为现代化农业产业园区，节约的水量转让给工业企业。目前，内蒙古鄂尔多斯市二期水权转让进展迅速，已按要求完成了年度工程计划，并形成了相对完善的水权转让管理体系，有效指导了二期水权转让的进行。

同样，在内蒙古阿拉善盟、乌海也进行了扬黄灌区水权转让。大量的实例证明，开展扬黄灌区水权转让是可行的。

6.4.3　开展扬黄灌区水权转让的不利条件

（1）宁夏水权转让进展较慢，自流灌区通过各级渠道衬砌还有较大的节水潜力，在这种情况下，是否开始扬黄灌区水权转让，需要谨慎决定。

（2）扬黄灌区目前各级渠道工程基本上已衬砌完毕，只能从泵站改造、增加供水能力或在灌区田间配套工程及结构调整上进行挖潜，这样必然导致单方水投资较高。在宁夏，大部分企业都是政府引进项目，企业能够接受扬黄灌区水权转让价格，如何保证同一区域受让方利益的公平性，需要进一步论证。

（3）扬黄灌区供水区域多属于国家级贫困地区，如果像自流灌区一样搞水权转让，需要慎重考虑对农业用水户、灌区管理单位、区域经济发展等的影响，建立完善的补偿机制。

（4）扬黄灌区扬水工程的运行效益还没有充分发挥，大多数扬水工程的实际灌溉面积远远小于设计灌溉面积，在设计灌溉面积还没有满足的情况下，将节约水量转让给工业企业，将会对农民产生负面的影响。在这种情况下，节水改造后的节约水量是优先满足农业用水还是转让给工业企业？如果节约水量首先应用于扩大灌溉面积，剩余的水量再进行转让，则单方水投资必然很高，企业是否能够承受？这些问题都需要进一步讨论。

随着宁夏水权转让的进一步深入及社会经济的进一步发展，扬黄灌区水权转让必然是一个趋势，通过以上对扬黄灌区特点的分析，扬黄灌区水权转让方式仍可以归结为工程措施节水水权转让、现代农业节水水权转让、跨地市水权转让及国家投资节水项目水权转让等水权转让模式，由于国家投资节水项目水权转让方式已经讨论、只能用于偿还区域超用水量，不能用于可转让水量，因此仅对现代农业节水水权转让关键技术及跨地市水权转让模式进行探讨。

6.5　小　结

本章对宁夏和内蒙古地区的引黄灌区未来二期水权转让模式进行了探讨，提出了四种水权转让模式：现代农业节水水权转让、跨地市水权转让、国家投资节水项目水权转让、扬黄灌区水权转让。对以上四种水权转让模式作了可行性分析，对每种模式的有利条件、不利条件进行了详细的研究，并得出每种模式是否具有可行性的结论。

实施现代农业节水水权转让，是对水权转换试点阶段成果的巩固，由于引进了更为先进的喷灌、滴灌等现代高效节水设施农业，在优化水资源配置、缓解水资源供需矛盾、提升灌区灌溉管理水平、推动地区农业现代化发展等方面都有着重要的意义。因此，启动现代农业节水水权转让是非常必要的，也是十分紧迫的。

跨地市水权转让考虑到出让方所在地国民经济和社会发展规划，建议转让期限原则上不超过 15 年。跨地市水权转让期满之后、新的水权转让生效时，水权转让的受让方在选择时首先应优先考虑出让方所在地市级行政区域申请用水的企业，其次应优先考虑原先的受让方。为了解决节水改造工程生效时间和受让方主体工程投产运行时间不匹配问题，可对跨地市水权转让的管理制度进行严格规定。

国家投资节水工程的节水量优先用于偿还近年宁夏实际耗用水量超过国家分配的年度计划用水量，不再进行转让。随着经济社会的不断发展和人民生活水平的逐步提高，水资源供需矛盾日益尖锐，宁夏扬黄灌区的水权转换也提到了议事日程。但是，考虑到水权转让费用难以界定，水权转让主体难以界定，这些都会对贫困地区的经济社会发展产生一定的影响，因此不建议对国家投资的节水项目进行水权转让。

扬黄灌区水权转让从节水潜力上考虑是可行的。内蒙古鄂尔多斯、阿拉善盟以及乌海均进行了扬黄灌区水权转让，大量的转让实例证明扬黄灌区水权转让是可行的。但是，开展扬黄灌区水权转让还有许多的政策性及技术性问题需要解决。例如，宁夏一期水权转让进展缓慢，自流灌区还有巨大的节水潜力可供转让，是否开展扬黄灌区水权转让需要慎重决定；如何合理确定扬黄灌区水权转让价格，如何合理考虑扬黄灌区水权转让相关利益方的补偿，以及如何确定节水潜力与可转让水量的关系等，均需要进一步论证。

第7章

水权转让补偿标准研究

7.1 转让费用标准

7.1.1 转让费用构成

根据《水利部关于内蒙古宁夏黄河干流水权转让试点工作的指导意见》和《黄河水权转让管理实施办法》，水权转让总费用包括水权转让成本和合理收益。涉及节水改造工程的水权转让，其转让总费用应涵盖以下内容：

（1）节水工程建设费用，包括节水工艺技术改造、节水主体工程及配套工程、量水设施等建设费用。

（2）节水工程和量水设施的运行维护费（按国家有关规定执行）。

（3）节水工程的更新改造费用（指当节水工程的设计使用期限短于水权转让期限时所必须增加的费用）。

（4）工业供水因保证率较高致使农业损失的补偿。

（5）必要的经济利益补偿和生态补偿。经济利益补偿和生态补偿可参照有关标准或由双方协商确定。生态补偿费用应包括对灌区地下水及生态环境监测评估、必要的生态补偿及修复等费用。

（6）依照国家规定的其他费用。

现代农业节水水权转让依然是通过节水改造工程所节约水量的转让，因此，水权转让费用构成与《黄河水权转让管理实施办法（试行）》中的规定应该是一样的。

在宁夏一期水权转让中，考虑到必要的经济利益补偿和生态补偿只是列出项目而没有具体的计算方法，实际工作中难以操作，在水权转让费用中均没有考虑此项费用，因此一期水权转让价格偏低，不能完全反应水资源的价值，也不利于水权转让的可持续实施。

7.1.2 转让费用测算

通过对节水措施及水权转让价格进行综合分析可以看出，仅从工程造价出发，水权转让价格从干渠再到支渠到斗渠、农渠，再到高新技术节水，价格越

来越高，因此现代农业节水水权转让价格应该高于以上所计算的价格。

水权转让价格是否合理对水权转让起着非常重要的经济杠杆作用。在水利部《关于内蒙古宁夏黄河干流水权转换试点工作的指导意见》和黄委《黄河水权转让管理实施办法（试行）》颁发之前，宁夏三个水权转换试点项目已经启动，所以当时水权转换费用只计算了节水工程建设费用，单方水价格为2.68～3.10元/m^3。按现在水利部要求，应包括其他4项内容，随后黄河审批的5个水权转让单方水转让价格为7.3～10.52元/m^3。根据《宁夏回族自治区黄河水权转换总体规划报告》，到2010水平年，单方水转让价格7.12元/m^3，到2015水平年，单方水转让价格7.20元/m^3。

在水权转换费用计算过程中，《黄河水权转让管理实施办法（试行）》列出了水权转让费用的组成，即包括节水工程的建设费用、节水工程和量水设施的运行维护费、更新改造费用、风险补偿费、必要的经济利益补偿和生态补偿，以及依照国家规定的其他费用等。费用组成考虑到了水权转让中所涉及的各种相关费用及相关利益方补偿问题，比较全面；但对于风险补偿费和必要的经济利益补偿和生态补偿只是列出计算项目，没有说明计算方法，这就造成在实际操作中如何计算没有依据。

2009年以前，宁夏、内蒙古在水权转让费用计算过程中，考虑了风险补偿费用的计算，但对于水权转让监测系统的建设费用及运行维护费用、必要的经济利益补偿和生态补偿以及其他费用等则没有考虑，从长远看不利于水管理部门节水，也不能完全反映水资源的价值。2009年以后，黄委加强了监管力度，规定所有水权转让项目均需布设监测系统，监测系统的建设费用及维护费用需列入水权转让总费用中；而且2009年以后水权转让费用计算中均包含了必要的经济利益补偿和生态补偿费用，按节水工程和量水设施的运行维护费用的10%计算。由此可知，宁夏水权转让费用及价格的计算日渐完善。

由于宁夏水权转让大多是地区招商引资企业，为了吸引投资，水权转让费用及价格不宜太高。据此，在宁夏三个试点水权转让项目中，自治区政府承诺出资1/3，企业出资2/3。宁夏三个水权转让试点项目单方水价格为2.68～3.10元，随后黄委审批的5个水权转让单方水转让价格为7.3～10.52元/m^3，约为试点转让价格的3倍，且黄委审批的5个项目单方水转让价格差距也较大，这对同样作为受让方的企业是不公平的，也不利于水权转让的顺利实施。

基于此，宁夏各级政府及水行政主管部门应该发挥良好的调控作用，对水权转让项目统一规划、统一布局，统一合理安排节水工程支、斗、农渠的衬砌和其他节水工程，尽量保证各个水权转让价格差距较小，保证水权转让受让方的公平性。

7.2 水权转让补偿标准

水权转让过程中涉及的利益方主要有企业、农民用水户、水管单位等，还会对转让区域的水资源、生态环境造成一定的影响。在宁夏已经实施的水权转让项目中，有些没有考虑相关利益方的补偿，有些虽然在可行性研究报告中计算了相关利益方的补偿，但仅是简单地按节水工程和量水设施的运行维护费用的10%计算。

《黄河水权转让管理实施办法（试行）》中规定，节水工程建设资金在节水工程建设前到位，节水工程运行维护费实行预交制，每次预交1～2年；水权转让其他费用由省区水利厅制定相关办法，并监督落实到位。由此可见，并没有具体的管理办法或制度来规范必要的经济利益补偿和生态补偿资金的落实。本研究根据水权转让过程中涉及的相关利益方，从农业、生态、水管单位等方面研究各个利益方的补偿机制，为地方制定具体的管理办法或制度奠定基础。

7.2.1 农业风险补偿标准

在水权转让的有关利益方中，企业作为水权的受让方是承担有关补偿的主体；由于工业企业用水保证程度高，在枯水年为保证工业企业的正常供水，会对农民用水户的用水造成影响，使农作物减产，造成损失，在枯水年给农民一定的补偿是必要的[33]。

（1）补偿资金的筹集。按照《黄河水权转让管理实施办法（试行）》中对水权转让费用的规定，农业风险补偿费用包含在水权转让总费用中，故农业风险补偿资金应来自于水权转换受让方，也就是水权转换建设项目方。农业风险补偿资金应该计入水权转换总费用中，在水权转换实施前一次性支付，否则不予核发取水许可证。

（2）农业风险补偿标准。在水权转让的有关利益方中，企业作为水权的受让方是承担有关补偿的主体；由于工业企业用水保证程度高，在枯水年为保证工业企业的正常供水，会对农民用水户的用水造成影响，使农作物减产造成损失，在枯水年给农民一定的补偿是必要的[33]。农业风险补偿标准是水权转换中对农业用水户权益的保护和收益减少所需支付的补偿费。补偿费用的测算方法是，先求得多年平均工业企业多占用农业的水量，然后计算由于农业灌水量的减少引起农业灌溉效益的减少值，农业灌溉效益的减少值即为工业企业每年的风险补偿费用，再乘以水权转换年限得出风险补偿费。工业企业挤占农业的水量可根据图7.1计算，根据《灌溉与排水工程设计规范》(GB 50288—99)，以旱作为主的干旱或水资源紧缺地区，灌溉设计保证率一般取50%～75%，

工业用水保证率取95%～97%。取不同保证率50%、75%、95%、97%，不同保证率灌区分配水量相应发生变化，计算不同保证率下相应灌区灌溉用水量、工业企业用水量，若保持工业企业用水量不减少，则在不同保证率下，灌溉用水量将相应减少，分段累加灌溉用水减少水量，即可得出多年平均工业企业多占用农业用水的水量，用式（7.1）计算：

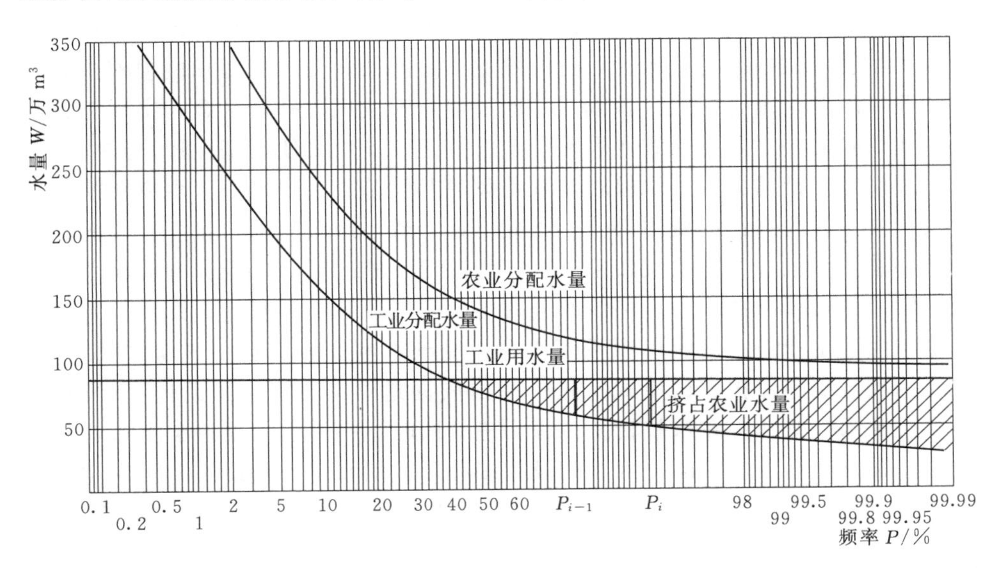

图7.1 工农业水量分配示意图

$$\overline{W}=\sum\left[\frac{(P_i-P_{i-1})\times(W_i+W_{i-1})}{2}\right] \tag{7.1}$$

式中 $\overline{W}$——多年平均工业企业多占用农业用水的水量，万 m³；

P_i-P_{i-1}——相邻频率差，%；

W_i+W_{i-1}——相邻频率对应农业损失水量之和，万 m³。

根据工业企业多占用农业用水的水量以及灌区实施节水后的灌溉定额，计算灌区农田因此而减少的灌溉面积，用式（7.2）计算：

$$A_s=\frac{W_s}{M_j} \tag{7.2}$$

式中 A_s——灌区农田减少的灌溉面积，万亩；

W_s——工业企业多占用农业用水的水量，万 m³；

M_j——灌区实施节水后的灌溉定额，m³/亩。

以当地灌与不灌每单位面积收入的差值为每单位面积的年补偿金额，计算灌区年补偿费，再根据水权转换期限计算转换期内农业风险补偿费，用式（7.3）计算：

$$C_f = N_z A_s B_c \tag{7.3}$$

式中 C_f——水权转换期内农业风险补偿费，万元；

N_z——水权转换期限，年；

A_s——灌区农田减少的灌溉面积，ha；

B_c——灌区灌与不灌每亩收入的差值，元/ha。

(3) 资金管理和使用。根据近年来的考察和调研，充分听取政府官员、企业家和水管单位的意见，较为可行的农业风险补偿资金的管理和使用模式主要是农业风险补偿基金模式。该模式是通过建立农业风险补偿基金，实现对枯水年农业风险的补偿，包括农业风险资金的筹建、支付、使用基金账户建立、基金管理以及审计监督等。水权转换农业风险补偿基金主要来源于水权转换费用中关于农业风险补偿的费用部分。水权出让方或当地政府部门设立专门的农业风险补偿基金账户，在水权转换节水工程项目实施的同时，受让方应将农业风险补偿部分费用一并支付，将该部分费用存入农业风险补偿基金账户。一旦在枯水年由于工业挤占农业用水量而使农业受到不利影响，动用该账户的资金，对农民利益实施保护。该模式实施的基本依据是对渠道引水量的监测，因此，必须要求水权受让方在水权转换工程实施的同时，在灌区的渠首引水口、分干渠、支渠、斗渠、农渠的分水口门设置多种形式的水量计量设施，实现“计量到斗”，为保护农民利益提供可靠的技术数据，科学合理地使用农业风险补偿基金。

7.2.2　生态补偿标准

(1) 生态补偿资金的筹集。生态环境补偿资金的来源同农业风险补偿资金一样，同样来自于水权转换受让方，即水权转换建设项目方。生态环境补偿资金应该计入水权转换总费用中，在水权转换实施前一次性支付，否则不予核发取水许可证。

(2) 生态补偿标准测算。灌区生态受影响的程度与地下水位关系密切，首先应建立地下水位与灌区植被关系，通过监测地下水位估算生态的受损程度，根据生态的受损程度与不进行节水改造的生态状况比较，确定生态补偿系数，进而计算水权转换的生态补偿费。

补偿只是一种相对的公平，补偿标准也难以完全按实际发生的经济损失进行补偿。生态补偿的计算，可根据生态破坏损失评估，建立生态补偿标准。

水权转让的实施，加大了灌区节水改造的力度，灌区灌溉过程中的渗漏量大大减少，使灌区对地下水的补给水量减少，会造成地下水位下降。地下水位降低过多，就有可能会对植被、湖泊、湿地等生态环境带来不利的影响。为了保护灌区绿洲生态，需增加由于水权转让导致的不利影响部分的生态补偿。生

态补偿是指由造成水生态破坏或由此对其他利益主体造成损害的责任主体承担修复责任或补偿责任。生态补偿包括污染环境的补偿和生态功能的补偿，即通过对损害水资源环境的行为进行收费或对保护水资源环境的行为进行补偿，以提高该行为的成本或收益，达到保护生态的目的[56]。由于其复杂性，生态补偿的准确计量至今仍是一件十分困难的事情。根据黄河流域水权转让生态补偿的特点，生态补偿的标准可以采用以下几种计算方法：

1）机会成本法。机会成本法常用来商量决策的后果。所谓机会成本，就是做出某一决策而不做出另一种决策时所放弃的利益。任何一种自然资源的使用，都存在许多相互排斥的备选方案，为了做出最有效的选择，必须找出社会经济效益最大的方案。资源是有限的，且具有多种用途，选择了一种方案就意味着放弃了使用其他方案的机会，也就失去了获得相应效益的机会，把其他方案中最大经济效益称为该资源选择方案的机会成本。例如，政府想将一个湿地生态系统开发为农田，那么开发成农田的机会成本就是该湿地处于原有状态时所具有的全部效益之和。机会成本法的数学表达式为：

$$C_k=\max\{E_1,E_2,E_3,\cdots,E_i\} \tag{7.4}$$

式中　C_k——k 方案的机会成本，元；

E_1、E_2、E_3、E_i——k 方案以外的其他方案的效益，元。

2）影子价格法。人们常用市场价格来表达商品的经济价值，但生态系统给人类提供的产品或服务属于“公共商品”，没有市场交换和市场价格。经济学家利用替代市场技术，先寻找“公共商品”的替代市场，再以市场上与其相同的产品价格来估算该“公共商品”的价值，这种相同产品的价格被称为“公共商品”的“影子价格”。影子价格已广泛应用于生态系统的定量评价中，其数学表达式为：

$$V=QP \tag{7.5}$$

式中　V——生态系统服务功能价值；

Q——生态系统产品或服务的量；

P——生态系统产品或服务的影子价格。

3）影子工程法。影子工程法又称替代工程法，是恢复费用法的一种特殊形式。影子工程法是在生态系统遭受破坏后人工建造一个工程来代替原来的生态系统服务功能，用建造新工程的费用来估计生态系统破坏所造成的经济损失的一种方法[57]。影子工程法的数学表达为：

$$V=G=\sum X_i\ (i=1,2,\cdots,n) \tag{7.6}$$

式中　V——生态系统服务功能价值；

G——替代工程的造价；

X_i——替代工程中项目 i 的建设费用。

当生态系统服务功能的价值难以直接估算时，可借助于能够提供类似功能的替代工程或影子工程的费用来替代该生态系统服务功能的价值。

4）费用分析法。生态系统的变化最终会影响到费用的改变。人类为了更好地生存，对生态系统的退化不会不闻不问，而且还会采取必要的措施以应付生态系统的变化。因此可以通过计算费用的变化来间接推测生态系统服务功能的价值，这就是费用分析法。根据实际费用情况的不同，可以将费用分析法分为防护费用法、恢复费用法两类。

a. 防护费用法。防护费用，是指人们为了消除或减少生态系统退化的影响而愿意承担的费用。由于增加了这些措施的费用，就可以减少甚至杜绝生态系统退化带来的消极影响，产生相应的生态效益；避免了的损失，就相当于获得的效益。防护费用法对生态环境问题的决策非常有益，因为有些保护和改善生态环境措施的效益评估非常困难，而运用这种方法就可以将不可知的问题转化为可知的问题[58]。

b. 恢复费用法。生态系统在受到破坏后，会给人们的生产、生活和健康造成损害。为了消除这种损害，其最直接的办法就是采取措施将破坏了的生态系统恢复到原来的状况，恢复措施所需的费用即为该生态系统的价值，这种方法称为恢复费用法。

（3）生态补偿资金管理与使用。较为可行的生态环境补偿资金的管理和使用主要有以下两种模式：

1）生态环境补偿基金模式。该模式同农业风险补偿基金模式相同，是通过建立生态环境补偿基金的形式实现对生态环境的补偿，包括生态补偿资金的筹建、支付、使用基金账户建立、基金管理以及审计监督等。水权转换生态补偿基金主要来源于水权转换费用中关于生态补偿的费用部分。水权出让方或当地政府部门设立专门的生态环境补偿基金账户，在水权转换节水工程项目实施的同时，受让方应将生态补偿部分费用一并支付，将该部分费用存入生态环境补偿基金账户。一旦生态环境受到不利影响，动用该账户的资金，对生态环境实施保护。该模式实施的基本依据是对生态环境的监测，因此，必须要求水权受让方在水权转换工程实施的同时，在相关区域布设生态环境监测站网，对地下水位、水质、植被生长状况、区域湿地、湖泊、排污口污染源等进行持续动态的监测，对水权转换区域的生态环境安全进行实时监控，为实施生态环境保护提供可靠的技术数据，科学合理地使用生态环境补偿基金。

2）生态修复工程补偿模式。该模式是以生态修复工程形式实现对生态环境的补偿，包括生态环境影响评估、生态环境修复工程规模论证、生态环境修复工程建设管理和运行维护等。该模式实施第一个环节是政府组织有关部门对水权转换项目区或邻近区域选定生态环境工程补偿区，并对生态环境工程补偿

区编制生态环境修复规划，为实施生态修复工程补偿提供基础；第二个环节是在实施水权转换的同时，对水权转换项目可能带来的生态环境影响进行评估，确定生态环境工程补偿的具体规模；第三个环节根据生态环境修复规划和本水权转换项目的工程补偿规模，在生态环境工程补偿区内选定具体的生态环境工程补偿范围，做出具体的修复工程设计和概算；第四个环节是由水权受让方出资，由专业部门进行施工和生态修复工程管护。水权受让方出资包括生态修复工程的工程建设费和管护运行费。

（4）生态与环境用水保障制度建立。区域社会经济的发展挤占了生态与环境用水，导致了生态与环境问题的出现。为了区域生态与环境的安全，在区域初始水权分配时，应考虑生态与环境的基本用水需求，预留部分水权，当生态系统受到威胁时，政府动用预留水量来满足生态与环境用水量的要求。这是确保水权转让区域生态与环境安全的基本保障。

7.2.3 水管单位补偿标准

《黄河水权转让管理实施办法（试行）》中对企业、农民用水户和生态环境的补偿已经提出了明确的要求，但是水管单位的补偿问题在水权转让的费用构成中未给予体现，在工程节水、管理节水和农民节水意识不断提高的过程中，使得依赖于水费收入维持水管单位生存的经费来源不断减少，出让方水管单位的生存和发展问题日益突出。例如内蒙古杭锦旗黄河南岸灌区管理局，在大规模实施水权转让节水工程建设的2006年，当年实际水费收入比2005年减少了110万元。灌区水管单位作为水权转让节水改造工程的运行管理方，承担着灌区节水改造工程的运行维护等重要任务，是确保节水改造工程在整个水权转让期限中持续、稳定地产生节水量的重要机构，水管单位的生存和发展关系到水权转让的成败。因此，在水权转让费用构成中要重视保护水管单位的利益，稳定水管单位队伍。

（1）水管单位补偿资金的筹集。随着节水工程的实施，出让方水管单位的水费收入不断减少，而受让方由于水资源用途的改变和取水量的增加，其水管单位的水费收入有大幅度提升，因此对于出让方水管单位日常运行经费的补偿，可以来源于两部分：一部分补偿资金在水权转让节水工程项目实施的同时由受让方业主单位一并支付；另一部分也可以从地方财政因水权转让而增收的水资源费中，通过财政支付转移的方式，按照一定的比例转移支付给出让方水管单位，用于水管单位的运行管理费用。

（2）水管单位补偿标准。按照现行水资源费征收有关规定，农业用水不征收水资源费。目前黄河流域水权转换主要是农业向工业实施水权转换。跨地市水权转让实施后，取水用途从甲地的农业用水变更为乙地的工业用水，在水资源费征收方面发生以下变化：

1）征收情况发生了变化。由甲地的农业用水变成乙地的工业用水，按照我国现行的水资源费征收的有关规定，在甲地由于水的用途为农业用水，是不征收水资源费的；水权转换项目实施后，到乙地变为工业用水，要征收水资源费，由不征收变成了征收水资源费。

2）征收主体发生了变化。在甲地时征收主体为甲地区的水行政主管部门，当水权转换实施后，征收主体变为了乙地区的水行政主管部门。

3）水资源费的使用权发生了变化。在甲地时水资源费的使用权为当地财政，当水权转换实施后，水资源费的使用权变为了乙地的地方财政（图7.2）。

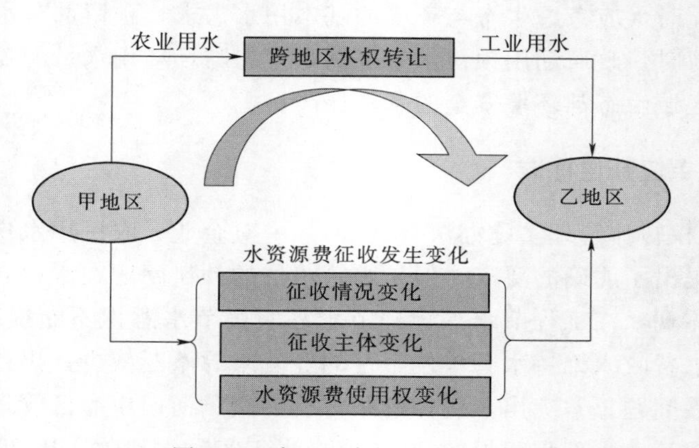

图7.2　跨地区水权转让示意图

充分考虑到跨地区水权转让实施后，取水口也从一个地市级行政区域变更到另一个地市级行政区域，以及导致的水资源费征收发生的变化，水管单位补偿标准重点研究在水权转让期内，水管单位的水费收入因取水量减少的影响而减少多少，结合水权转让地区经济生活条件和水资源用途转变所产生的机会成本，测算出水管单位的补偿标准。水管单位水费收益损失的补偿可以通过式(7.7)来计算：

$$G=B_sW_g \tag{7.7}$$

式中　G——水管单位水费收益损失费，元；

B_s——灌区灌溉水价，元/m³；

W_g——灌区供水减少量，万m³。

(3) 水管单位补偿资金的管理和使用。水管单位补偿资金同运行维护费一样，是每年都需要支付的资金，所以，水管单位补偿资金的管理方式可以同节水工程运行维护费一样，实行预交制，每次预交一到两年的补偿资金。为了保证水管单位补偿资金按时到位，建议将水管单位补偿资金的落实与核发（换

发）取水许可证相挂钩，即水权转让受让方在领（换）取取水许可证时，须一次性交纳取水许可证有效期内的同期节水工程运行维护费用，否则不予核发取水许可证件，并依法予以严肃查处。

水管单位补偿资金可以同节水工程运行维护费一样，存入由当地政府设立的水权转让资金专用账户，当地政府根据水管单位合理的运行需求下发资金。当地政府需要制定相应的管理方法，规范补偿资金的筹建、支付、使用、基金账户建立、基金管理以及审计监督等。

7.3 水权转让补偿标准计算实例

以内蒙古自治区鄂尔多斯市为研究区域，以该市黄河南岸灌区的一期水权转让为计算实例。鄂尔多斯市一期水权转让项目通过审批的有 14 个，完成投资 6.9 亿元，批复用水量 1.2 亿 m^3，实际用水量合计 6442.16 万 m^3。内蒙古南岸灌区一期工程水权转让价格平均为 5.70 元/m^3，存在着水权转让费用及价格偏低、水权转让费用构成不完善等问题。在水权转换费用计算过程中，对于风险补偿费和必要的经济利益补偿和生态补偿，只是列出计算项目，没有说明计算方法，这就造成在实际操作中没有计算依据，从长远看不利于水管理部门节水，也不能完全反映水资源的价值。因此，以该地区的一期水权转让为计算实例，探讨相关补偿的计算问题。

7.3.1 农业风险补偿

根据黄河水量统一调度丰增枯减的原则，枯水年灌区用水减少，同时农业灌溉保证率一般取 75%，但灌区转换到工业的用水保证率必须达到 95%。为了保证工业的正常生产用水，可能造成灌区部分农田得不到有效灌溉，使农作物减产，造成损失，需给予农民一定的补偿。依据当地农作物灌与不灌的收入差别进行补偿计算。

表 7.1　　内蒙古黄河南岸灌区不同保证率下用水量　　单位：万 m^3

保证率		50%	70%	95%	97%
内蒙古黄河南岸灌区引水量		41000.00	35260.00	28290.00	26650.00
应分水量	农业用水	34557.84	29724.18	23848.47	22465.95
	工业用水	6442.16	5535.82	4441.53	4184.05
实分水量	农业用水	34557.84	28817.84	21847.84	20207.84
	工业用水	6442.16	6442.16	6442.16	6442.16
工业占用农业用水量		0.00	906.34	2000.63	2258.11

用式（7.1）计算多年平均工业占用农业用水量；用式（7.2）计算灌区农田因此而减少的灌溉面积，实施节水后的灌溉定额采用7275m³/hm²（相当于485m³/亩）；用式（7.3）计算灌区年补偿费，当地灌与不灌每亩收入的差值采用4441.5元/hm²（相当于296.1元/亩）；再根据水权转换期限25年，计算转换期内农业风险补偿费，结果见表7.2。

表7.2　内蒙古黄河南岸灌区农业风险补偿费用

多年平均占用水量/万m³	减少的灌溉面积/hm²	农业风险补偿/（万元/a）	农业风险补偿/万元
496.59	682.60	303.18	7579.50

7.3.2　地下水下降的生态补偿

内蒙古自治区灌区实施节水改造工程后，对地区生态环境有一定的影响，主要体现在地下水位下降幅度、湖泊湿地面积、植被正常生长以及土壤盐渍化方面。通过对监测数据的分析，地下水位下降幅度0.3～0.5m，湖泊湿地有所萎缩，对植被正常生长基本没有影响，并且由于地下水位的下降，减少了无效蒸发，灌区土壤盐碱化情况明显好转，一些原来由于土壤盐碱化而弃耕的土地恢复了耕作，当地的地表生态系统也得到恢复。因此，对由于水权转让而造成的地下水位下降进行生态补偿计算。

内蒙古鄂尔多斯市南岸灌区水权转让节水工程实施后，干渠砌护影响范围内地下水位下降0.3～0.5m，局部最大下降幅度1.0m，直接影响范围小于30m，最远影响范围小于150m；支渠、斗渠只在放水初期对地下水位动态的影响明显，影响范围为50～70m左右，因受斗渠、农渠及田间灌水等影响，砌护与未砌护的差别不明显。截止到2011年9月，该地区水权转让一期工程已完成各级渠道衬砌1584.69km，其中，总干渠衬砌133.12km，分干渠衬砌32.46km，支渠衬砌214.28km，斗农渠衬砌1204.83km。因此，主要考虑干渠衬砌后对地下水位的影响，结合灌区的特点，地下水下降的生态补偿费用是在影响范围内通过人工回补地下水所需费用[59]，采用防护费用法［式（7.8）］计算：

$$C_{s1}=\left(\alpha\sum_{i=1}^{n}H_{di}B_{di}L_{di}\right)(P_1+C_1)\quad(i=1,2,\cdots,n)\tag{7.8}$$

式中　C_{s1}——地下水位下降的生态补偿费用，元；

α——地下水下降的生态补偿影响范围折减系数，取0.8；

H_{di}——第i种渠道地下水下降的计算深度，m；

B_{di}——第i种渠道地下水下降的计算宽度，m；

L_{di}——第 i 种渠道地下水下降的计算长度，m；

n——实施节水工程的渠道种类数；

P_1——补充单位地下水水量的防护费用，元/m^3；

C_1——补充单位地下水水量的其他费用，元/m^3。

考虑地下水开采程度、技术水平等，采用人工回补地下水为防护措施，P_1为 0.275 元/m^3[60]。生效补偿计算结果见表 7.3。

表 7.3　　内蒙古黄河南岸灌区生态补偿费用

渠道种类	H_d/m	B_{di}/m	L_{di}/km	生态补偿/(万元/a)	生态补偿/万元
干渠	0.5	100	165.76	182.34	4558.50
支渠	0.2	50	214.28	37.20	930.00
斗、农渠	—	—	1204.83	—	—
合计	—	—	1584.87	219.54	5488.50

7.3.3 水管单位补偿

灌区水管单位承担着灌区工程运行维护和灌溉配水管理的重要任务。水权转让节水工程建成后，发挥了较好的节水效果，减少了灌区引水量，使灌区管理单位的水费收入降低，水利工程管理单位管养经费不足问题进一步凸现。黄河一期水权转让的实践已经证实了此类问题，如内蒙古杭锦旗黄河南岸灌区管理局 2006 年实际水费收入比 2005 年减少了 110 万元，并且这种趋势还可能加剧。因此，必须考虑由于水权转让而产生的水管单位补偿费用。根据式（7.7）计算内蒙古黄河南岸灌区的水管单位补偿费用，结果见表 7.4。

表 7.4　　内蒙古黄河南岸灌区水管单位补偿费用

灌区供水减少量/万 m^3	灌区灌溉水价/(元/m^3)	水管单位补偿/(万元/a)	水管单位补偿/万元
6800.00	0.054	367.2	9180.00

7.4 小　　结

本章针对黄河流域引黄灌区的水权转让的相关补偿标准问题，探讨了水权转让的农业风险补偿、生态补偿、水管单位补偿的内容、计算方法和公式，以内蒙古自治区鄂尔多斯市引黄灌区的水权转让一期项目为研究背景，通过对其农业风险补偿、生态补偿和水管单位补偿的计算为实例，得出每年应该补偿费用为889.92万元/a，在25年水权转让期内应付出的补偿费用为22248万元，平均增加补偿费用为3.45元/m^3。通过实例计算，对引黄灌区水权转让费用构成中的补偿费用进行准确的定量计算，为水权转让的进一步实施、可持续利用和更大的发挥经济、生态、社会效益奠定了良好的理论基础，为指导引黄灌区根据评价结果进行合理的水权转让、配套改进、节水改造、可持续规划和科学管理有着实际意义。

第8章

基于 R－ET 融合的水资源管理模式

8.1 R－ET 融合的水资源管理

R－ET 的概念，是指将河流的水资源管理，从单纯的径流控制和管理，转变为径流与蒸散发 ET（Runoff－Evapotranspiration）相融合的控制和管理。在原有的对黄河流域河川径流分配、控制、管理的基础上，加入各区域真实耗水 ET 并融合至水资源管理当中，将径流与真实耗水 ET 有机地结合起来，从而实现水资源管理向更科学、合理的方面改进和完善。

R－ET 水资源管理，是从区域水量平衡方程出发，以"耗水"管理代替"取水"管理，对现行的以"八七"分水方案为主体框架的黄河流域水资源管理体系进行补充和完善。不再只是单纯考虑河川径流的分配及取水量的管理，而是在融合 ET 真实耗水的理念基础上，以耗水量 ET 为主要管理模式的水资源管理，以更好地实施最严格的水资源管理，构建经济社会生态协调发展的和谐社会。

8.1.1 区域目标 ET

区域目标 ET 是指在一个特定发展阶段的流域或区域内，以水资源条件为基础，以生态环境良性循环为约束，满足经济持续向好发展与和谐社会建设要求的可消耗水量。目标 ET 的组成包括：①通常意义下的 ET，即植被的蒸腾、土壤或水面的蒸发；②工农业生产时固化在产品中，且被运出本区域的耗水（消耗在本区域的产品水最终变成了 ET）[61]。从耗水平衡的角度来看，区域目标 ET 表达式见第 2 章公式（2.2）。

根据河流上下游断面之间某一固定区域的水量平衡关系，式（2.2）还可以表达为

$$\begin{aligned}\mathrm{ET}_{ta} &= P+(R_{in}-R_{out})+(G_{in}-G_{out})-\Delta Q-\Delta G-\Delta S \\ &= P+\Delta R+\Delta G_{w}-(\Delta Q+\Delta G+\Delta S)-\mathrm{RG}_{re}\end{aligned} \tag{8.1}$$

式中 P——区域内年平均降水量折合水量，$P=pA$，其中 p 为年平均降水深度，A 为区域面积；

ET_{ta}——研究区域目标 ET；

R_{in}——年地表流入水量；

R_{out}——年地表流出水量；

G_{in}——年地下水流入水量；

G_{out}——年地下水流出水量；

ΔQ——年地表水蓄存变化量；

ΔG——年地下水蓄存变化量；

ΔS——年土壤水蓄存变化量，当地蓄存变化量增加为正值，当地水资源量减少为负值；

ΔR——年地表水变化量；

ΔG_w——年地下水变化量；

RG_{re}——年地表水、地下水重复计算量。

公式（8.1）在计算区域目标 ET 时，将河川径流（R）也融入到了计算过程当中，使河川径流与 ET 值实现了关联和融合。

8.1.2　区域实际 ET

区域实际 ET，从大空间尺度上的流域水资源宏观管理的角度出发，即某一流域或区域的真实耗水量，包括传统的自然 ET，也包括人类的社会经济耗水量（人工 ET），是参与水文循环全过程的所有水量的实际消耗[58]。目前，区域/流域宏观尺度上实际 ET 主要通过分布式水文模型和遥感技术计算获得。农田中观尺度和区域/流域宏观尺度上的实际 ET 值是实现区域/流域水资源需求侧 ET 管理的技术支撑。

8.1.3　R－ET 融合的管理模式

根据研究区域的河川径流等值计算出的目标 ET_{ta}、实际 ET_{re}，通过式（8.2）进行判别，根据结果采取不同的区域水资源调控和管理模式。

$$ET_{re}-ET_{ta}\begin{cases}>0, & \text{采取管理模式 1}\\<0, & \text{采取管理模式 2}\\=0, & \text{采取管理模式 3}\end{cases} \tag{8.2}$$

在式（8.2）中，模式 1 适用于区域实际 ET 超过目标 ET 的情况，需要采取严格的削减和调控 ET 措施，以有效地减少该区域的超引用水量、超采地下水量等；模式 2 适用于区域实际 ET 小于目标 ET 的情况，虽然该情况不存在超用水情况，无需削减引用水量，但需要分析分项 ET 值及分布比例，采取平衡分项 ET 的措施，减少无效 ET 或低效 ET，提高水资源的使用效率；模式 3 适用于区域 ET 与目标 ET 相等的情况，这种情况属于临界状态，需要密切关注该区域的实际 ET 的动态变化、各分项 ET 的分布，提高水资源使用效

率，减少引用水量，合理使用水资源。基于 R－ET 的水资源管理模式如图 8.1 所示。

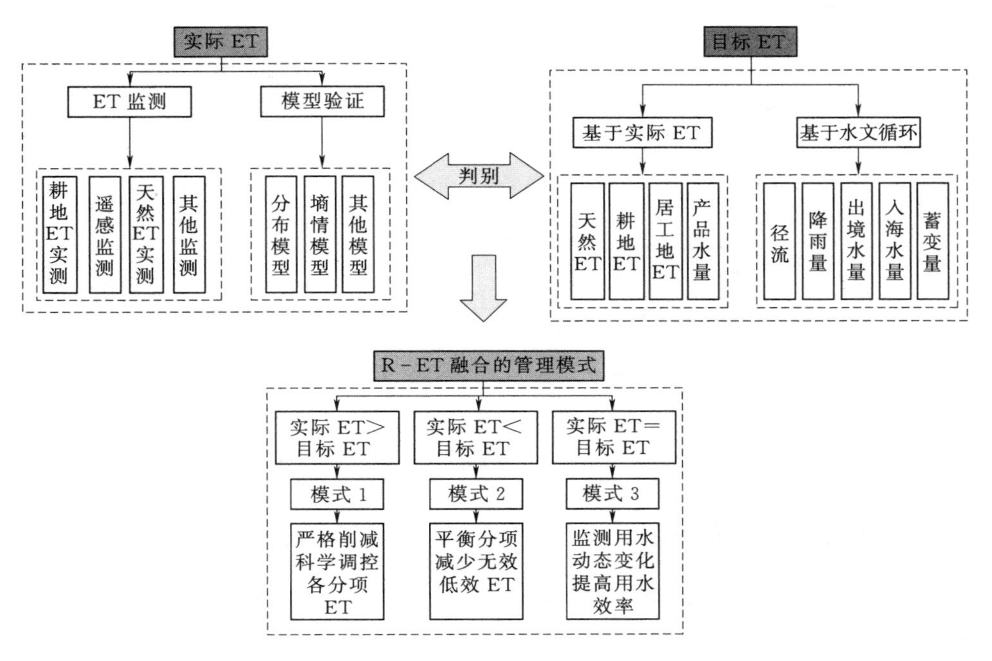

图 8.1 R－ET 融合的水资源管理模式示意图

8.2 研究实例

8.2.1 研究区概况

黄河上游兰州至头道拐区间，位于东经 104°～111°，北纬 36°～40°之间，河长 1353km，其中流经宁夏回族自治区境内 397km，内蒙古自治区境内 830km，落差 527m，干流兰州与头道拐水文站之间的控制流域面积为 145347km²，占黄河流域总面积的 21.8%。此区域属于中温带，干旱和半干旱地区，气候干燥，雨量少。此区域属于黄土高原与内蒙古高原，牧草地占土地总面积的 35.4%，草原类型以干草原和荒漠类草原为主；耕地面积占 13.6%，其中有效灌溉面积及雨养田面积分别为 49.9%、50.1%。区内耕地主要分布在河谷川地、阶地、沟谷坡地，宁夏平原和内蒙古河套平原区内有中型灌区 15 处、大型灌区 10 处，为黄河流域农业生产基地之一，研究区域范围、水文站和气象站分布如图 8.2 所示。

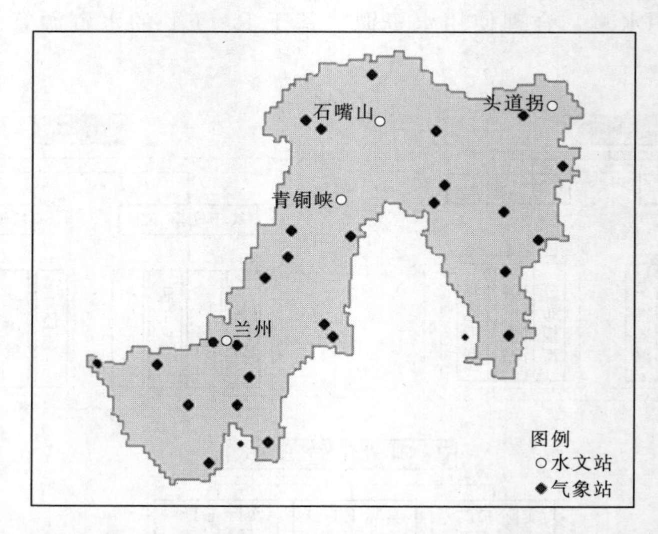

图 8.2　黄河上游兰州至头道拐区间水文站气象站分布示意图

8.2.2　研究区域目标 ET_{ta}

根据《黄河水资源公报》，利用式（8.1）计算研究区域黄河上游兰州至头道拐区间的目标 ET，结果见表 8.1。

表 8.1　不同计算时间点的黄河流域兰州至头道拐区间的目标 ET_{ta} 计算

数据时间	P/mm	P /亿 m³	R_{in} /亿 m³	R_{out} /亿 m³	ΔR /亿 m³	ΔG_w /亿 m³	ΔQ /亿 m³	RG_{re} /亿 m³	ET_{ta} /亿 m³	ET_{ta} /mm
1998 年	255.20	370.93	214.00	117.10	96.90	63.88	−0.15	46.80	485.06	333.73
2011 年	212.57	308.97	284.10	162.90	121.20	44.38	−0.06	29.70	444.91	306.10
1987—2000 年均值	240.00	348.83	265.25	161.47	103.78	47.39	0	35.20	464.80	319.79
1956—2000 年均值	249.00	361.91	313.08	222.04	91.04	46.48	0	42.50	456.93	312.31

注　表中数据来自于《黄河水资源公报》（1998—2011 年）

8.2.3　研究区域实际 ET

根据前期研究结果，对基于网格的分布式生物水文模型（DBHM）进行了改进，采用 1990—1992 年实测月径流资料进行参数率定，采用 1993—1997 年的实测月径流资源进行了模型验证，计算出黄河流域从兰州至头道拐区间的实际 ET 值。1990—1997 年研究区域实际 ET 包含天然 ET、耕地 ET 和城乡居工地 ET，其各项分布如图 8.3 所示，实际 ET 的 8 年平均值为 382.5mm（556 亿 m³）。

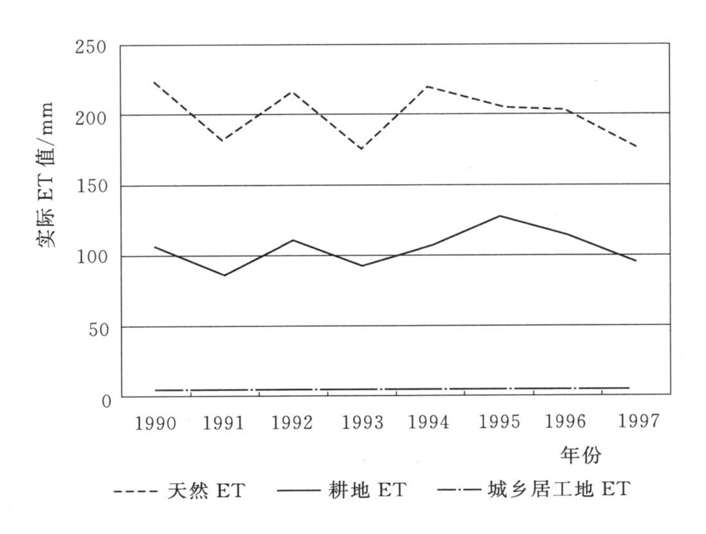

图 8.3　黄河流域从兰州至头道拐区间的实际 ET 值各项分布图

8.3　分项 ET 的调控及削减可行性

根据研究区域的下垫面条件，可将实际 ET 分为：灌溉耕地 ET_I、居工地 ET_J、非灌溉耕地 ET_{UI}、林地 ET_F、草地 ET_C、水域 ET_W 和未利用土地 ET_U。其中非灌溉耕地 ET_{UI}、林地 ET_F、草地 ET_C、水域 ET_W 和未利用土地 ET_U 上的人类活动直接干扰很小，可以归为天然 ET_N。因此，实际 ET 可分为 3 类：天然 ET_N，灌溉耕地 ET_I 和城乡居工地 ET_J。根据前期研究成果，实例区域在 1990—1997 年的研究时段内，各分项实际 ET 的分布比例如图 8.4 所示。

将 1990—1997 年值进行平均，天然 ET_N、灌溉耕地 ET_I、城乡居工地 ET_J 分别占实际 ET 总值的 64.4%、33.6%和 2%。

8.3.1　天然 ET 的调控可行性

在研究区域内，天然 ET_N 占实际 ET 总值的 64.4%。天然 ET 包括不可控非灌溉耕地 ET_{UI}、林地 ET_F、草地 ET_C、水域 ET_W 和未利用土地 ET_U 等。根据土地利用类型判断，不可控非灌溉耕地 ET_{UI}、林地 ET_F 和草地 ET_C 一般包括冠层截留蒸发、植被蒸腾、棵间土壤蒸发和棵间地表截流蒸发；水域 ET_W 表现为水面蒸发；未利用土地 ET_U 一般是表现为地表截流蒸发和土壤蒸

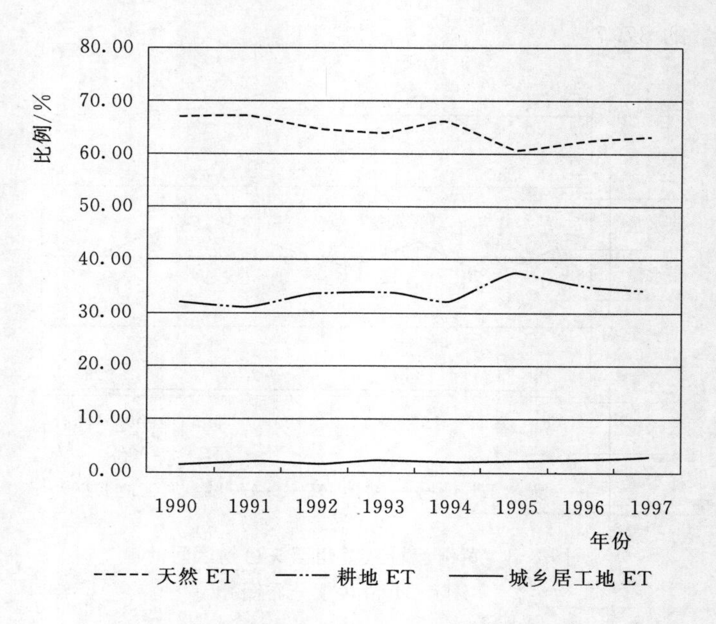

图 8.4　黄河流域兰州至头道拐区间的
实际 ET 各分项所占比例

发。天然 ET 一般归为不可调控和削减的范畴，但实际可以通过改变土利的利用类型、植被的种类及覆盖程度，或将非灌溉耕地转为人工灌溉耕地等方法，对天然 ET 进行调整和削减。在研究区域，虽然天然 ET 所占比重较大，也有调控的可行性，但考虑到实施的复杂性，不将天然 ET 作为调控的主要方面。

8.3.2　灌溉耕地 ET 的调控可行性

黄河水量管理和调度主要依据国务院“八七”分水方案、《黄河水量调度条例》和有关取水许可管理规定。“八七”分水方案具体分配给研究区域的指标为：宁夏回族自治区 40 亿 m^3，内蒙古自治区 58.6 亿 m^3，研究区域合计分水 98.6 亿 m^3。黄河上游兰州至头道拐区间地表水、地下水及各行业的取水、耗水量见表 8.2，1998 年农业耗水量占地表水耗水总量的 98.5%，占地下水耗水总量的 77.7%；2011 年农业耗水量占地表水耗水总量的 83.1%，占地下水耗水总量的 56.4%。从 1998 年地表水的耗水总量 102.34 亿 m^3，到 2011 年增至 108.27 亿 m^3，一直超过“八七”分水方案分配给该区域的水量 98.6 亿 m^3（见图 8.5）。1998—2011 年地表水的耗水总量平均值为 103.67 亿 m^3，其中用于农业灌溉的地表水耗水量平均值为 90.90 亿

m³，占总量的 87.7%。

表 8.2 黄河流域兰州至头道拐区间的地表水及地下水取水、耗水量 单位：亿 m³

项目			合计	农业	工业	城镇生活	农村人畜	林牧渔畜	城镇公共	生态环境
1998 年	地表水	取水量	174.52	164.90	8.31	0.92	0.39	—	—	—
		耗水量	102.34	100.84	0.92	0.19	0.39	—	—	—
	地下水	取水量	24.16	15.32	5.33	2.26	1.25	—	—	—
		耗水量	17.19	13.36	1.76	0.82	1.25	—	—	—
2011 年	地表水	取水量	156.53	134.29	10.00	1.88	—	6.88	0.70	2.78
		耗水量	108.27	89.98	7.70	1.70	—	5.75	0.51	2.63
	地下水	取水量	29.52	14.78	7.18	3.11	—	2.84	0.93	0.68
		耗水量	20.96	11.83	4.10	1.71	—	2.27	0.48	0.57

注 以上数据均来自于《黄河水资源公报》。

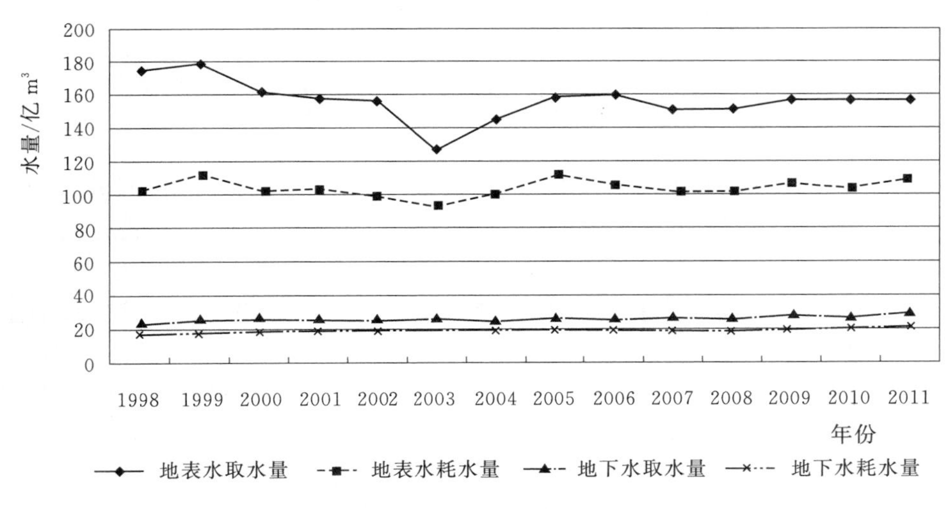

图 8.5 黄河流域从兰州至头道拐区间的地表水及地下水的取、耗水量（1998—2011 年）

由图 8.5 可知，在研究区域内灌溉耕地 ET_1 占到了该区域实际 ET 总值的 33.6%。根据土地利用类型判断，灌溉耕地 ET_1 一般包括冠层截留蒸发、植被蒸腾、棵间土壤蒸发和棵间地表截流蒸发；根据种植结构，把灌溉耕地 ET 分为小麦 ET、棉花 ET、玉米 ET、水稻 ET、大豆 ET、谷子 ET 等单类作物

ET；根据水分来源，耕地又可分为灌溉耕地和雨养耕地，其中灌溉耕地ET的水分来源包括天然降水和人工灌溉补水。

由于区域内种植结构、灌溉制度、节水措施的调整都会直接影响到灌溉耕地ET，且该项ET所占的比重也较大，因此，灌溉耕地ET具有较大的调控空间和较高的调控可行性。在农田中观尺度上，近年来依据微观植被蒸腾蒸发机理，结合农田微气候条件相继提出了非充分灌溉、调亏灌溉以及控制性根系交替灌溉等诸多农田节水灌溉方式[61-62]，其实质是通过调节农田灌溉耕地ET，实现在粮食不减产或少减产的前提下，减少水资源的供给量，提高水资源的利用效率。

8.3.3　居工地ET的调控可行性

在研究区域内居工地ET_J占实际ET总值的2%。居工地ET_J一般表现为不透水面的地表截流蒸发、生产生活耗水和少量的城镇生态耗水；根据用户的不同类型，居工地ET_J可以分为生活ET、工业ET、第三产业ET和城镇生态ET。虽然ET_J占的比例较小，但随着群众节水意识的提高以及节水措施和技术的发展，中水雨水等资源的利用等都会影响到该项ET值。因此，居工地ET也具有一定的调控空间。

8.4　区域节水方案设计

1998年研究区域的目标ET为333.73mm（485.06亿m^3），1990—1997年实际ET的平均值为382.5mm（556亿m^3），利用公式（8.2）进行判别可知，实际ET超出目标ET48.77mm（70.94亿m^3），采取水资源调控和管理模式1，即需要对实际ET采取严格的削减和调控措施，以有效减少该区域的超引用水量、超采地下水量等。

因此对研究区域设定4种节水模式（高节水、中节水、低节水和无节水），采取不同的农业节水措施。方案1表示高节水模式，对应的农业节水措施为调亏灌溉，有工程节水措施；方案2表示中节水模式，对应的农业节水措施为调亏灌溉，无工程节水措施；方案3表示中节水模式，对应的农业节水措施为充分灌溉，有工程节水措施；方案4表示低节水模式，对应的农业节水措施为充分灌溉，无工程节水措施；方案5为现状情况，无任何节水措施。分别计算不同方案下的实际ET值，数据以1990—1997年为基础，见表8.3。

表 8.3　黄河流域兰州至头道拐区间的削减措施目标 ET_{ta} 计算

编号	节水模式	引黄水量/亿 m^3	削减水量/亿 m^3	实际 ET/mm	实际 ET_{re}/mm	超出 ET_{ta} 水量/亿 m^3
方案 1	高节水	42.96	55.64	351.2	510.46	25.40
方案 2	中节水	55.49	43.11	360.2	523.54	38.48
方案 3	中节水	59.07	39.35	361.2	524.99	39.93
方案 4	低节水	89.50	9.10	377.2	548.29	63.23
方案 5	无节水	98.60	0.00	382.5	556.00	70.94

根据表 8.3，方案 1 的削减效果最好。黄河流域兰州至头道拐区间的引黄水量从无节水的 98.6 亿 m^3，减少至 42.96 亿 m^3，可以削减掉 55.64 亿 m^3。虽然设计的方案还不能满足判别式（8.2）的要求，即使实际 ET 小于目标 ET 的值，但通过农业节水这一途径，削减实际 ET 的潜力很大，效果显著。

8.5 小　　结

本章通过以黄河流域兰州至头道拐区间为研究区域进行分析计算，可知该区域 1998 年目标 ET 为 485.06 亿 m^3，而实际 ET 达 556 亿 m^3，需削减 70.94 亿 m^3。通过分析各分项 ET 调控的可行性，提出了 4 种节水模式，引黄河水量从无节水的 98.6 亿 m^3 可以削减掉 55.64 亿 m^3，减少至 42.96 亿 m^3。

基于 R-ET 融合的黄河流域水资源管理，是一种新的水资源管理和调控方法，即在资源性缺水地区，通过对区域 ET 的监测和控制，减少无效 ET，抑制耗水量的不断增长，使每年的耗用水量在各项功能不受损的基础上明显减小。因此，挤占河道内生态环境的用水就会得到一部分偿还，入海水量也会增加，地下水超采的趋势会得到遏制。

基于 R-ET 黄河流域水资源管理更符合实际，有望实现真正的节水，从而促使各区域调整农业结构、实施节水措施、增强节水意识，有利于维持黄河的健康生命。

第9章

区域目标ET的优化配置

9.1 区域土壤水资源ET分析

在黄河流域水循环过程的模拟中，采用基于WEP模型、结合黄河流域特点开发的WEP-L模型。在模拟计算过程中，为提高计算效率并能够充分体现流域下垫面土地利用状况，模型采用“子流域内的等高带”为基本计算单元，单元内采用“马赛克法”，将全流域划分为8485个子流域和38720个等高带，然后进行1956—2000年系列降水和分离人工取用水历史系列年下垫面条件的自然水循环过程的精确模拟。有关模型结构、参数率定以及土壤水资源的计算和效用的评价等详细内容可参见文献[30]，直接采用参考文献提供的研究成果进行分析。

9.1.1 研究区域土壤水资源量的分析

由模拟和计算结果（表9.1）可知，研究区域的降水通过截流、入渗、产流、汇流等水循环过程后，在多年平均条件下，兰州至头道拐区间共形成非径流性土壤水资源318.2亿m^3，土壤水资源占到总降水量的74.40%；鄂尔多斯的非径流土壤水资源为155.5亿m^3，占总降水量的54.28%；内流区的非径流土壤水资源为84.4亿m^3，占总降水量的71.16%[30]。

表9.1 研究区域的土壤水资源量

研究区域	面积/km^2	降水量		径流量		非径流性土壤水资源		非径流性土壤水资源占总降水量的比例/%	非径流性土壤水资源与径流量的比值
		mm	亿m^3	mm	亿m^3	mm	亿m^3		
兰州至头道拐	161155	265.37	427.7	13.08	21.08	197.44	318.2	74.40	15.09
鄂尔多斯	86752	330.30	286.5	15.10	13.10	179.29	155.5	54.28	11.87
内流区	43635	271.70	118.6	12.14	5.30	193.44	84.4	71.16	15.92

9.1.2 研究区域土壤水资源 ET 消耗分析

在黄河流域的兰州至头道拐、鄂尔多斯、内流区这 3 个研究区域内，50%以上的降水资源转化的土壤水资源，都消耗在了植被蒸腾和土壤蒸发这两个方面，见表 9.2。如图 9.1 所示，消耗于植被蒸腾的量占土壤水资源总量的 4.14%～17.30%，用于植被棵间和难利用土地的土壤蒸发量占土壤水资源总量的 82.70%以上，蒸腾量仅为蒸发量的 1/5 左右[30]。

表 9.2　　研究区域的土壤水资源的 ET 消耗分析

研究区域	土壤水资源量 /km^3	植被蒸腾消耗 /km^3	土壤蒸发消耗 /km^3	植被蒸腾消耗占土壤水资源比例/%	土壤蒸发消耗占土壤水资源比例/%
兰州至头道拐	31.82	5.50	26.32	17.30	82.70
鄂尔多斯	15.55	2.99	12.56	19.26	80.74
内流区	8.44	0.35	8.09	4.18	95.82

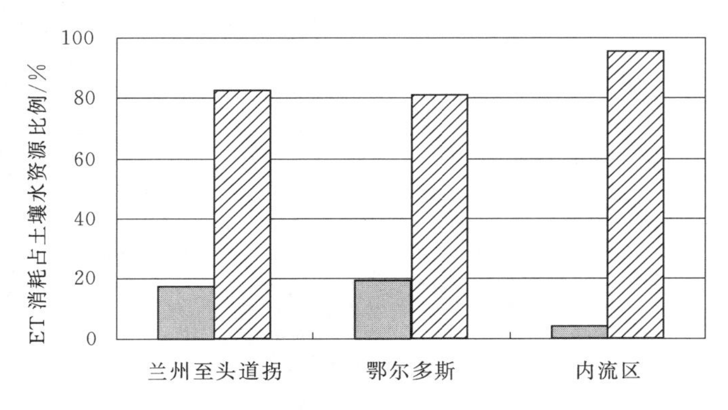

图 9.1　黄河流域研究区域的土壤水资源的 ET 消耗结构

根据土壤水资源消耗效用的界定标准[9,32]，将有效消耗分为高效消耗和低效消耗，由表 9.3 对土壤水资源蒸发蒸腾过程的消耗效用的分析可见，在黄河流域的兰州至头道拐、鄂尔多斯、内流区这 3 个研究区域内，土壤水资源有效消耗占土壤水资源总量的 22.51%～35.50%，其中高效消耗量和低效消耗量分别为土壤水资源总量的 4.18%～17.30% 和 17.75%～18.33%，无效消耗量占土壤水资源总量的 64.95%～77.49%。

表9.3　　研究区域的土壤水资源的ET消耗效用分析

研究区域	土壤水资源量/km³	有效消耗/km³			无效消耗/km³	有效消耗所占比例/%			无效消耗所占比例/%
		总量	高效	低效		总量	高效	低效	
兰州至头道拐	31.82	11.15	5.50	5.65	20.67	35.05	17.30	17.75	64.95
鄂尔多斯	15.55	5.84	3.01	2.83	9.71	37.56	19.35	18.21	62.44
内流区	8.44	1.90	0.35	1.55	6.54	22.51	4.18	18.33	77.49

由图9.2可知，对于研究区域而言，无效消耗是土壤水资源消耗的主要形式，超过60%以上的土壤水资源都由无效消耗而损失；而高效消耗所占的比例很低，最高都不超过20%，说明提高消耗效益，从无效和低效消耗至高效消耗转化有较大的潜力；低效消耗所占的比例大约为18%左右，说明将低效消耗也可以转化为高效消耗，提高水资源的利用率，节约水资源也是一种有效途径[30]。

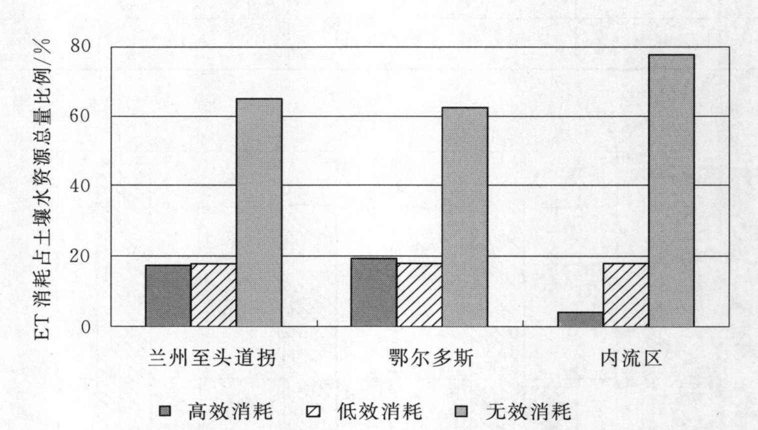

图9.2　黄河流域研究区域的土壤水资源的ET消耗

对黄河流域的兰州至头道拐、鄂尔多斯、内流区这3个研究区域内的土壤水资源的无效消耗ET进行结构分析，发现无效消耗ET主要集中于难利用土地、草地和林地上。这三种的无效消耗分别占总无效消耗量的0.20%、10.00%和80.00%以上[30]，见表9.4。

由图9.3可见，在研究区域尽管土壤水资源的数量十分可观，但实际得到有效利用的量却较少，62%以上通过无效蒸发消耗，这其中的83%以上由裸地无效消耗而损失。裸地消耗主要集中于植被郁闭度较低的土地上，若能够通过一些有效措施，如增加土地的覆盖度，减少难利用土地的面积，调整种植结构，减少棵间无效和低效蒸发等，对土壤水资源进行合理的利用，必将能有效地缓解区域水资源的匮乏。

表 9.4 研究区域的土壤水资源的无效消耗 ET 的结构分析

研究区域	无效消耗/km³				所占比例/%		
	总量	林地	草地	裸地	林地	草地	裸地
兰州至头道拐	20.670	0.030	1.490	19.150	0.15	7.21	92.65
鄂尔多斯	9.712	0.002	1.000	8.710	0.20	10.30	89.68
内流区	6.543	0.003	1.110	5.430	0.05	16.97	82.99

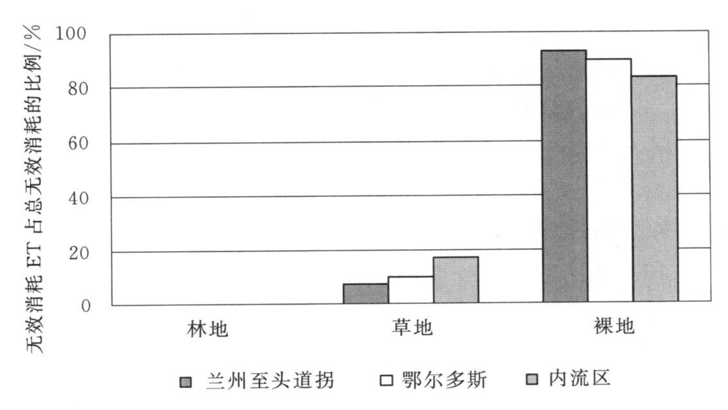

图 9.3 黄河流域研究区域的土壤水资源的无效消耗 ET 的结构

由于土壤水资源不能提取和运输，使得要加强其利用，必然要通过调控其蒸发蒸腾的消耗方式来实现。因此，在流域水资源的管理中，开展以"ET 管理"为核心的水资源管理，既可在一定程度上避免水资源的闲置，又可有效地解决区域水资源的不足问题。

9.2 目标分项 ET 的调控重点

根据黄河流域的兰州至头道拐、鄂尔多斯、内流区这 3 个研究区域的下垫面条件，可将目标 ET 分为：灌溉耕地 ET_I、居工地 ET_J、非灌溉耕地 ET_{UI}、林地 ET_F、草地 ET_C、水域 ET_W和未利用土地 ET_U，其中非灌溉耕地 ET_{UI}、林地 ET_F、草地 ET_C、水域 ET_W和未利用土地 ET_U上的人类活动直接干扰很小，可以归为天然目标 ET_N。因此，目标 ET 可分为 3 类：天然目标 ET_N，灌溉耕地目标 ET_I和城乡居工地目标 ET_J。根据前期研究成果，实例区域在 1990—1999 年的研究时段内，天然 ET_N占实际 ET 总值的 64.4%，灌溉耕地 ET_I占 33.6%，城乡居工地 ET_J占 2%。

9.2.1　天然目标 ET 的调控重点及措施

在研究区域内，天然 ET_N 占实际 ET 总值的 64.4%。天然 ET 包括不可控非灌溉耕地 ET_{UI}、林地 ET_F、草地 ET_C、水域 ET_W 和未利用土地 ET_U 等。根据土地利用类型判断，不可控非灌溉耕地 ET_{UI}、林地 ET_F 和草地 ET_C 一般包括冠层截留蒸发、植被蒸腾、棵间土壤蒸发和棵间地表截流蒸发；水域 ET_W 表现为水面蒸发；未利用土地 ET_U 一般是表现为地表截流蒸发和土壤蒸发。

在研究区域尽管土壤水资源的数量十分可观，但根据土壤水资源的 ET 消耗分析，消耗于植被蒸腾的量占土壤水资源总量的 4.14%～17.30%，用于植被棵间和难利用土地的土壤蒸发量占土壤水资源总量的 82.70% 以上，蒸腾量仅为蒸发量的 1/5 左右；无效消耗是土壤水资源消耗的主要形式，超过 62% 以上的土壤水资源都由无效消耗而损失，这其中的 83% 以上由裸地无效消耗而损失。

因此，天然目标 ET 的调控重点应放在裸地 ET、土壤 ET 上面。对于裸地而言，可以采用的措施为改变土地的利用类型、增加植被的种类、增加植被的覆盖度、开发利用为有效土地等；对于土壤而言，可以采取的措施为将不可控非灌溉耕地转变为人工灌溉耕地，棵间土壤用地膜或秸秆覆盖，调整种植结构，减少棵间无效和低效蒸发等。

9.2.2　灌溉耕地目标 ET 的调控措施

在研究区域内灌溉耕地 ET_I 占到了该区域实际 ET 总值的 33.6%。根据土地利用类型判断，灌溉耕地 ET_I 一般包括冠层截留蒸发、植被蒸腾、棵间土壤蒸发和棵间地表截流蒸发；而消耗于植被蒸腾的量占土壤水资源总量的 4.14%～17.30%，植被蒸腾量仅为土壤蒸发量的 1/5 左右。

因此，灌溉耕地目标 ET 的调控重点应放在棵间土壤蒸发、棵间地表截流蒸发的上面；同时，种植结构调整、灌溉制度、节水措施等都有可操作的空间。从而通过调节农田灌溉耕地目标 ET 的方法，实现在粮食不减产或少减产的前提下，减少水资源的供给量，提高水资源的利用效率。

9.2.3　居工地目标 ET 的调控措施

在研究区域内居工地 ET_J 占实际 ET 总值的 2%。虽然该项目 ET 占的比例较小，但居工地目标 ET 的调控重点应放在居民节水器具的推广和使用、中水及雨水资源的有效利用、供水管网无效损失的减少等方面。

9.3 基于遗传算法的目标 ET 优化配置

9.3.1 鄂尔多斯研究区域的目标 ET_{ta}

鄂尔多斯市水资源主要由地表水资源、地下水资源和过境水资源三部分组成。地表、地下水资源总量为 29.6 亿 m^3，过境水指标为 7 亿 m^3。地表多年平均年径流量为 13.1 亿 m^3，地下水资源总储量为 16.5 亿 m^3，可开采量为 14.8 亿 m^3。计算研究区域的目标 ET，需要设定计算水平年和相应的水资源条件，包括当地的降水量、入境、出境、入海、跨流域调水、超采地下水等。因此确定鄂尔多斯市目标 ET 计算设定水平年为 2015 年，降水量取 1961—2010 年系列的均值为 322.8mm，入境、出境和入海水量根据不同的跨流域调水和超采地下水量组合设定，共设置 5 个方案，用公式（8.2）进行计算，计算结果见表 9.5。方案 1 的现状和方案 5 的节水方案共相差 2 亿 m^3 的水量。

表 9.5　鄂尔多斯市目标 ET 计算方案设定（目标年为 2015 年）

各方案	降水深度 p/mm	W_D/亿 m^3	W_D/mm	ET_{ta}/mm	方案说明
方案 1	322.8	7	8.07	330.87	现状方案
方案 2	322.8	8	9.22	332.02	扩大引黄水
方案 3	322.8	8	9.22	332.02	压采地下水
方案 4	322.8	6	6.92	329.72	减少引黄水
方案 5	322.8	6	6.92	329.72	节水方案

9.3.2 多目标遗传算法的目标函数及约束条件

（1）目标函数。区域目标 ET 优化配置就是利用系统工程理论，将区域目标 ET 作为一种可分配水资源，在各分项目标 ET 间进行最优化分配。该问题是个多目标的优化配置问题，根据研究区域鄂尔多斯的实际 ET 的各分项情况，主要进行天然目标 ET_{Nta}、灌溉耕地目标 ET_{Ita}、居工地 ET_{Jta}之间的分配。

确定区域目标 ET_{ta}优化配置模型的目标函数，以研究区域的水资源总量控制为总体目标，同时考虑粮食不减产、居民生活水平不下降、区域环境生态的可持续发展为主要目标[63]，对应为 4 个目标函数：水资源总量控制、目标 ET 总量控制、粮食安全用水保障、生态生活用水保障。

1）区域目标 ET 优化配置的水资源总量控制目标函数。各分项目标 ET 的水资源使用量之和越小越优。

$$f_1(x)=\min\left\{\sum_{j=1}^{J}\left[\sum_{i=1}^{I}(b_{ij}x_{ij})\right]\right\} \tag{9.1}$$

式中　b_{ij}——目标 ET_i 的 j 分项的有效使用面积，km^2；

x_{ij}——目标 ET_i 的 j 分项值，mm。

2）区域目标 ET 优化配置的总量控制目标函数。目标 ET 进行分配，总是期望目标 ET 值越小越好，因此用目标 ET 与各分项目标 ET 之和的差来反映，此值应越大越优。

$$f_2(x)=\max\left\{ET_{ta}-\left[\sum_{j=1}^{J}\left(\sum_{i=1}^{I}x_{ij}\right)\right]\right\} \tag{9.2}$$

3）区域目标 ET 优化配置的粮食用水保障目标函数。不能因为过度的强硬控制目标 ET，而使研究区域的粮食安全受到威胁，保障粮食不减产或少减产的目标下，尽量减少 ET 的产生。因此，用分项 ET 的分配比例关系来进行控制，按目前没有采取节水措施的情况下实际产生的 ET 作为上限，从而保障当地的粮食安全。

$$f_3(x)=\min[A-(x_{ij}/ET_{ta})] \tag{9.3}$$

式中　A——研究区域耕地分项实际 ET 的控制比例上限；

其他符号意义同前。

4）区域目标 ET 优化配置的生态生活用水保障目标函数。不能因为过度的强硬控制目标 ET，而使研究区域的生态用水受到挤占，群众生活水平下降，在保障生态和生活不影响的目标下，尽量减少目标 ET 的产生。因此，用分项 ET 的分配比例关系来进行控制。

$$f_4(x)=\min\left(ET_{ta}\times B-\sum_{i=1}^{I}x_{ij}\right) \tag{9.4}$$

式中　B——研究区域生态生活的分项实际 ET 的控制比例上限。

（2）约束条件。从区域目标 ET 优化配置的各方面协调考虑，设置了不同方案的区域水资源可利用量约束、非负约束。

1）研究区域可利用水资源量约束：

$$\sum_{j=1}^{J}x_{ij}\leqslant W_i \tag{9.5}$$

式中　W_i——水资源的各分项使用 i 可供水量上限。

2）非负约束：

$$x_{ij}\geqslant 0 \tag{9.6}$$

（3）多目标遗传算法求解模型。此次计算，采用的是 MATLAB 中的遗传

算法GA的程序（Genetic Algorithm）。多目标遗传算法（MOGA）将区域目标ET优化配置问题模拟为生物进化问题，以各分项目标ET作为决策变量，对决策变量进行编码并组成可行解集，通过判断每一个个体的满意程度来进行优胜劣汰，从而产生新一代可行解集，如此反复迭代来完成水资源优化配置[64]。多目标遗传算法的优化过程为，首先随机生成几组初始目标ET预分配方案，然后通过代入已建立的优化模型，进行遗传操作，再从初始分配方案中选择出一些相对较优的分配方案作为下一次优化的初始方案集。重复上述优化过程，直至寻得一组最优解集。遗传操作的过程即为一个优胜劣汰的过程，具体求解步骤如下：

第一步：对各决策变量进行编码。

第二步：利用遗传算法求解出其初始可行解，带入目标函数中计算出函数值，利用权重系数变化法[65]计算出可行解的适应度，寻找最优解。

第三步：第一级各子区求得的最优解和相应的适应度值反馈到第二级，进行第二级系统协调。

第四步：第二级以反馈得到的信息为基础，解码并利用权重系数变化法计算适应度，进行选择、交叉、变异等遗传操作，得到新一代种群。

第五步：判断新的种群中最优个体是否满足终止条件，或进化代数是否达到预定值。若已满足，即目标ET已达到最优分配，停止进化计算，输出优化计算成果。否则，将新一代种群即新的预分方案传递到第一级，即转到第二步进行子区优化，直到满足终止条件或进化代数为止。

9.3.3 目标ET的优化配置结果

根据MATLAB中的遗传算法GA（Genetic Algorithm）的要求，先撰写不同方案的适应度函数（Fitness Function）的M文件，将水资源总量控制、目标ET总量控制、粮食安全用水保障、生态生活用水的保障共4个目标按等权重考虑，适应度函数如图9.4所示。

对应方案1的目标ET优化配置的适应度函数的非线性约束如下式：

$$a=\begin{bmatrix}1 & 0 & 0\\0 & 1 & 0\\0 & 0 & 1\\1 & 1 & 1\end{bmatrix} \tag{9.7}$$

$$b=[330.87 \quad 330.87 \quad 330.87 \quad 330.87]$$

根据研究区域的实际情况，遵循以下配置原则：优先配置给耕地分项目标ET，优先保证生态用水。遗传算法计算参数设置如下：取种群大小popsize=40；最大进化代数maxgen=100；交叉率pcross=0.80；变异率pmutation=

0.20，基于多目标遗传算法的方案 1～方案 5 的目标 ET 优化配置最优适应度如图 9.5～图 9.9 所示。

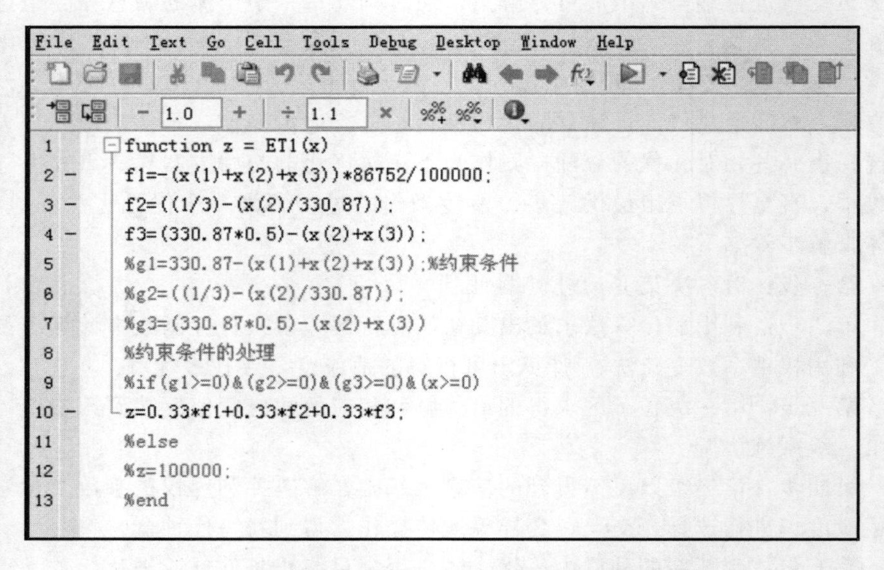

图 9.4　方案 1 的目标 ET 优化配置的适应度函数

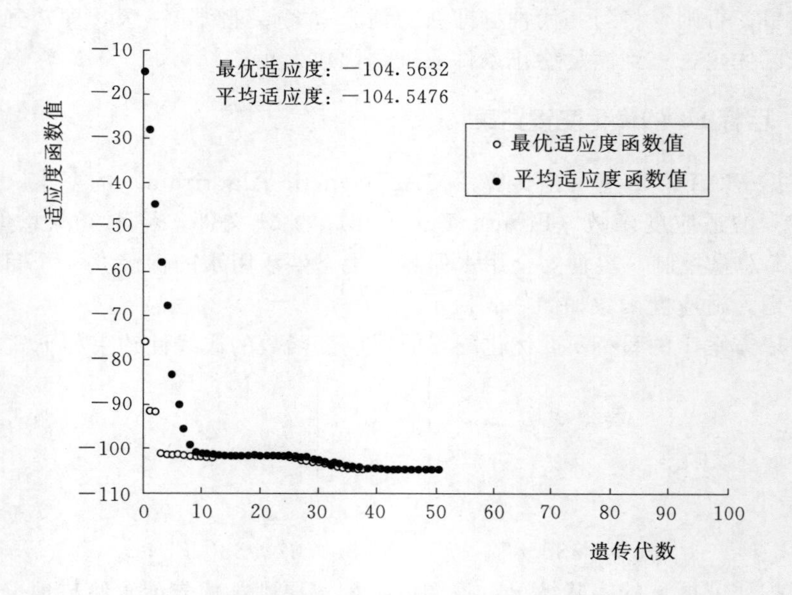

图 9.5　基于多目标遗传算法的方案 1 的目标 ET 优化配置最优适应度

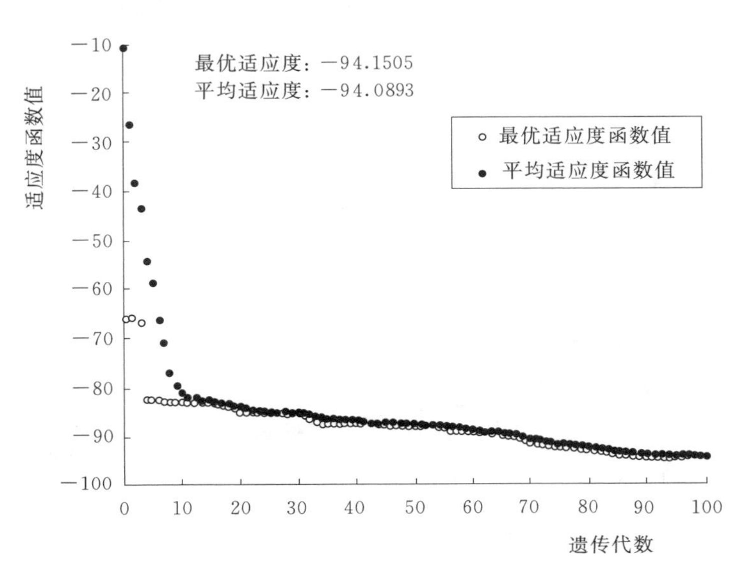

图 9.6　基于多目标遗传算法的方案 2 的目标 ET 优化配置最优适应度

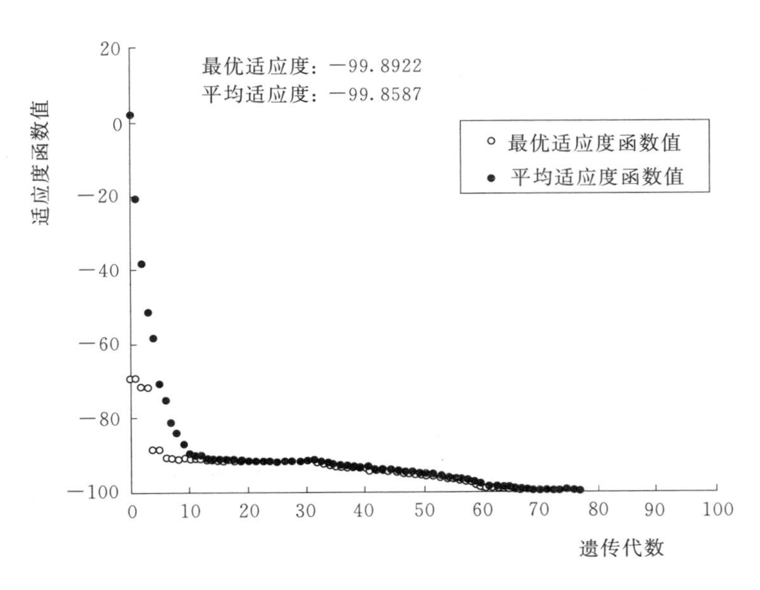

图 9.7　基于多目标遗传算法的方案 3 的目标 ET 优化配置最优适应度

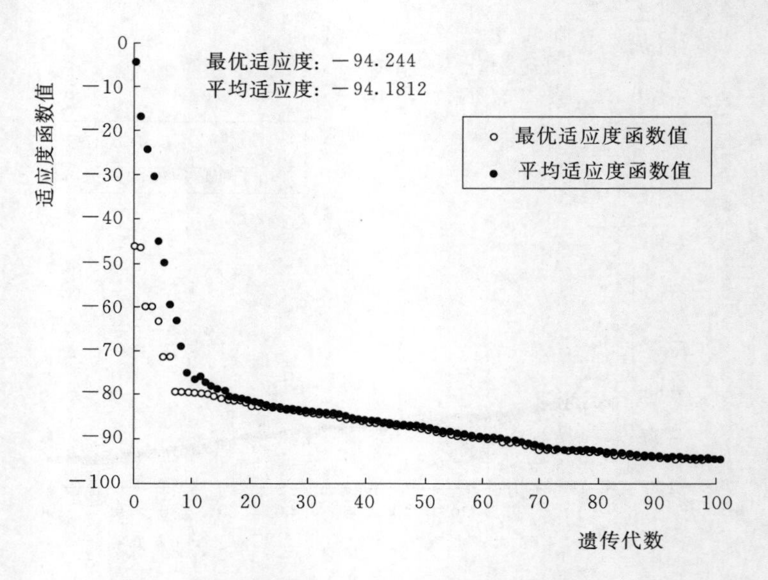

图 9.8　基于多目标遗传算法的方案 4 的目标 ET 优化配置最优适应度

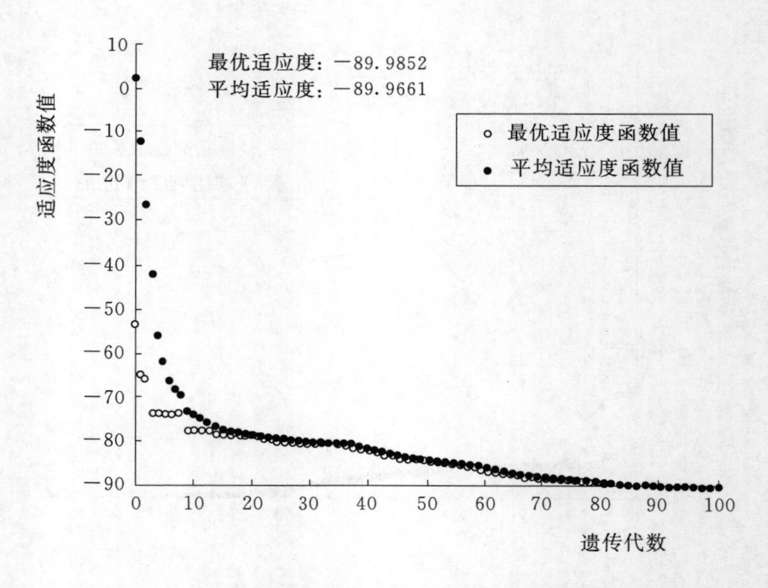

图 9.9　基于多目标遗传算法的方案 5 的目标 ET 优化配置最优适应度

根据对目标 ET 的多目标遗传算法的编码，在 MATLAB 中进行运行和计算，得出研究区域不同方案的优化配置结果，见表 9.6。

表 9.6　　鄂尔多斯不同方案的目标 ET 的优化配置结果

各方案	分项目标 ET_{ta}/mm			ET_{ta}/mm	各分项 ET 所占比例/%		
	ET_{Nta}	ET_{Ita}	ET_{Jta}		ET_{Nta}	ET_{Ita}	ET_{Jta}
方案 1	135.63	119.98	75.24	330.85	40.99	36.26	22.74
方案 2	142.32	119.75	69.59	331.66	42.91	36.11	20.98
方案 3	151.32	119.98	60.68	331.98	45.58	36.14	18.28
方案 4	153.38	115.00	54.94	323.32	47.44	35.57	16.99
方案 5	159.98	110.00	49.97	319.95	50.00	34.38	15.62

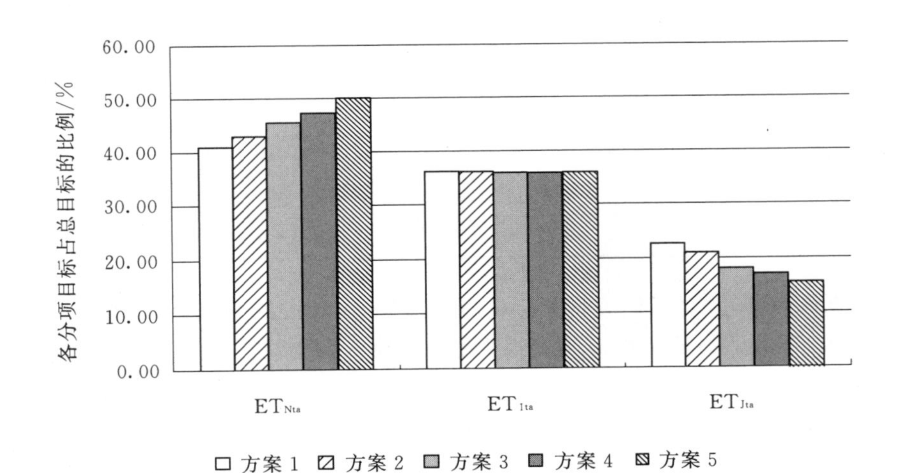

图 9.10　鄂尔多斯各分项目标 ET 优化配置比例

优化配置的结果如图 9.10 所示，对于研究区域鄂尔多斯，5 个方案的灌溉耕地目标 ET_{Ita} 占到总目标 ET_{ta} 的 36%左右；居工地 ET_{Jta} 占到 20%左右，天然目标 ET_{Nta} 占到 50%左右。

9.3.4　目标 ET 的对比分析

将基于遗传算法的优化配置的目标 ET 与 5.2 部分通过模型计算出的 5 个方案的目标 ET 进行对比，见表 9.7。

表9.7 鄂尔多斯地区优化配置的目标ET与计算出的目标ET的对比 单位：mm

各方案	配置的分项目标 ET_{ta}				计算的分项目标 ET_{ta}			
	ET_{Nta}	ET_{Ita}	ET_{Jta}	合计	ET_{Nta}	ET_{Ita}	ET_{Jta}	合计
方案1	135.63	119.98	75.24	330.85	256.19	140.60	75.00	468.79
方案2	142.32	119.75	69.59	331.66	256.19	128.70	66.00	450.89
方案3	151.32	119.98	60.68	331.98	256.19	120.76	56.00	432.95
方案4	153.38	115.00	54.94	323.32	256.19	100.92	49.00	406.11
方案5	159.98	110.00	49.97	319.95	256.19	81.08	46.00	383.27

将基于遗传算法的优化配置的目标ET与4.4部分通过模型计算出的区域实际ET进行对比，见表9.8。

表9.8 鄂尔多斯地区优化配置的目标ET与实际ET的对比

各方案	目标 ET_{ta}/mm			ET_{ta}/mm	ET/mm	目标ET差值/mm	目标ET差值/亿 m^3
	ET_{Nta}	ET_{Ita}	ET_{Jta}				
方案1	135.63	119.98	75.24	330.85	387.2	56.35	48.88
方案2	142.32	119.75	69.59	331.66	387.2	55.54	48.18
方案3	151.32	119.98	60.68	331.98	387.2	55.22	47.90
方案4	153.38	115.00	54.94	323.32	387.2	63.88	55.42
方案5	159.98	110.00	49.97	319.95	387.2	67.25	58.34

根据图9.10，对于研究区域鄂尔多斯，5个方案的灌溉耕地目标 ET_{Ita} 占到总目标 ET_{ta} 的36%左右，居工地 ET_{Jta} 占到20%左右，天然目标 ET_{Nta} 占到50%左右。各分项实际ET的分布比例为：天然 ET_N 占实际ET总值的64.4%，灌溉耕地 ET_I 占33.6%，城乡居工地 ET_J 占2%。由此可以看出，要达到目标ET，削减和调控的重点在天然ET和耕地ET这两部分，其中以天然ET为主要削减和调控的内容。具体的目标ET的调控措施详见9.2部分内容。

9.4 小　结

在多年平均条件下，在黄河流域的兰州至头道拐、鄂尔多斯、内流区这3个研究区域内，兰州至头道拐区间共形成非径流性土壤水资源318.2亿 m^3，土壤水资源占到降水量的74.4%；鄂尔多斯的非径流土壤水资源为155.5亿 m^3，占总降水量的54.33%；内流区的非径流土壤水资源为84.4亿 m^3，占总降水量的71.20%。50%以上的降水资源转化的土壤水资源，都消耗在了植被蒸腾和土壤蒸发这两个方面。消耗于植被蒸腾的量占土壤水资源总量的4.14%～17.30%，用于植被棵间和难利用土地的土壤蒸发量占土壤水资源总量的82.70%以上，蒸腾量仅为蒸发量的1/5左右。对黄河流域的兰州至头道拐、鄂尔多斯、内流区这3个研究区域内的土壤水资源的无效消耗ET进行结构分析，发现无效消耗ET主要集中于难利用土地、草地和林地上，这三种土地的无效消耗分别占总无效消耗量的0.20%、10 %和80%以上。根据以上的计算，提出了各分项目标ET，天然目标ET、灌溉耕地目标ET和居工地目标ET的调控重点和措施。

对研究区域鄂尔多斯的5种方案目标ET进行了优化配置，目标ET计算设定水平年为2015年，采用的是MATLAB（Matrix Laboratory）中的遗传算法GA的程序（Genetic Algorithm）。多目标遗传算法MOGA（Multi－Objective Genetic Algorithm）将区域目标ET优化配置问题模拟为生物进化问题，将区域目标ET作为一种可分配水资源，在各分项目标ET间进行最优化分配。根据研究区域鄂尔多斯的实际ET的各分项情况，主要进行天然目标ET_{Nta}、灌溉耕地目标ET_{Ita}、居工地ET_{Jta}之间的分配。根据优化配置的结果，对于研究区域鄂尔多斯，5个方案的灌溉耕地目标ET_{Ita}占到总目标ET_{ta}的36%左右，居工地ET_{Jta}占到20%左右，天然目标ET_{Nta}占到50%左右。

第10章

实现 R－ET 融合的水资源管理保障措施

10.1 建立基于 ET 的水资源管理体系

10.1.1 建立以 R－ET 融合的水资源管理理念[39]

为确保黄河流域全面推进节水和高效用水的快速发展，水资源管理要从“取水”为核心转变为以“ET 耗水”为核心的管理理念。以“取水”为核心的传统水资源管理中的“节水”，主要是通过水利工程和管理等手段来提高水资源的利用效率，以分配黄河流域的河川径流量为主要措施进行用水管理。以“ET 耗水”为核心的水资源管理理念中的“节水”，是从水资源消耗的效率出发，立足于水循环全过程，注重水循环过程中各个环节中的用水量消耗效率，农业措施与工程措施相结合，尽量减少无效消耗，提高有效消耗，使区域有限的水资源利用效率最大化。

在管理对象上，以“取水”为核心的水资源主要是对水循环过程中的径流量管理，对于黄河流域来说，根据黄河流域 1919—1975 年 56 年系列资料统计，多年平均天然河川径流量 580 亿 m^3，地下水资源的淡水总量约为 377.6 亿 m^3，可开采且与地表水资源不重复的地下水资源总量约为 137.5 亿 m^3。1987 年国务院批准了《黄河可供水量分配方案》，在 580 亿 m^3 天然河川径流量中扣除 210m^3 低限输沙水量之后，将 370 m^3 可供水量分配到沿黄各省（自治区）。该方案协调了流域各省（自治区）之间的用水关系，保证经济社会持续、稳定、协调发展。黄河流域地下水水权到目前为止还未明确分配[1]。

以“ET 耗水”为核心的水资源管理，则是立足于水循环全过程，是以全部水汽通量为对象的管理，也是对水循环过程中水资源消耗过程的一种管理。因此，针对流域水资源短缺日益严重的现状，立足于水循环，要实现流域的可持续发展，水资源管理理念必须由“取水”管理转变为“ET 耗水”管理。

10.1.2 建立 ET 管理机构体系

黄河流域从“取水”管理转变为“耗水”管理，将 ET 理念融入到水资源

管理当中去，需要成立专门的机构进行管理，同时各省（直辖市、自治区）也要成立相应的ET管理机构（图10.1），其主要工作内容是：进行遥感监测ET、主要作物水分生产率数据的生产和地面验证；发布其区域内各县的ET、水分生产率；每年对照目标ET和主要作物的水分生产率，与各省（直辖市、自治区）联合，对各省（直辖市、自治区）的用水效率做出评估；针对本年度用水中存在的问题提出下一年用水建议，黄河流域各级ET管理机构的主要工作任务如图10.2所示。

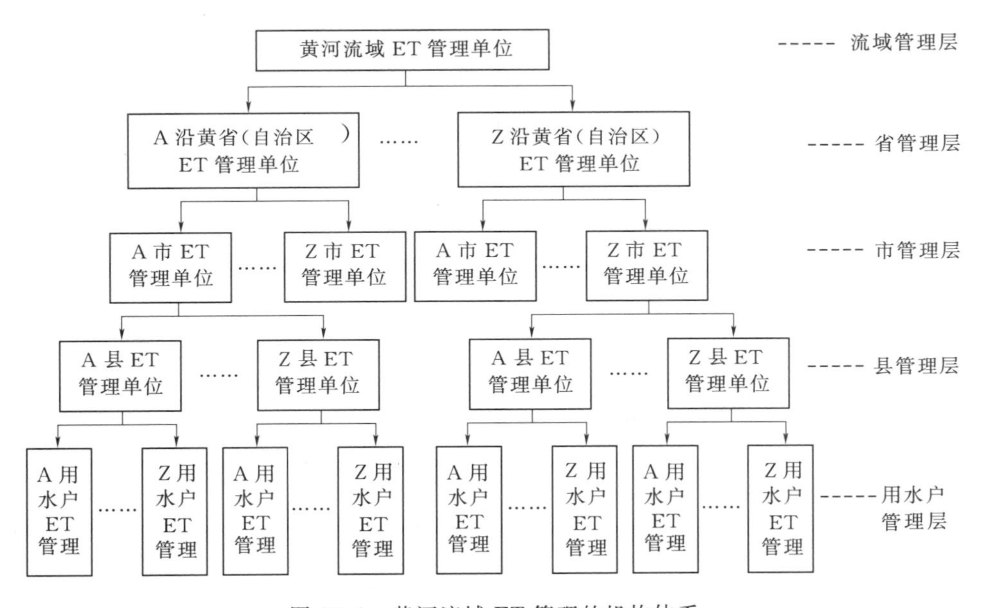

图10.1 黄河流域ET管理的机构体系

10.1.3 建立用水户参与管理的民主管理体制

农业节水工程的建设和实施，离不开用户的参与。一切技术和措施最终要通过用户的实施来实现，用户是节水的主体。目前，我国乡（镇）以上有常设水利管理机构，而行政村、灌区斗渠以下尚缺乏专门管理用水与排水的组织或机构，是水管理工作中的一个薄弱环节。因此，建立用户参与管理决策的民主管理机制是节水环节中不可缺少的重要因素之一。

10.1.4 加强对基层人员的培训

发展节水农业最终还是要依靠广大的基层技术人员和农民用水户才能实现。应用遥感监测ET在流域尺度上进行农业节水是一项新技术，开展培训尤为重要：一方面，让基层水利工作者转变观念，认识应用ET管理的科学内涵，

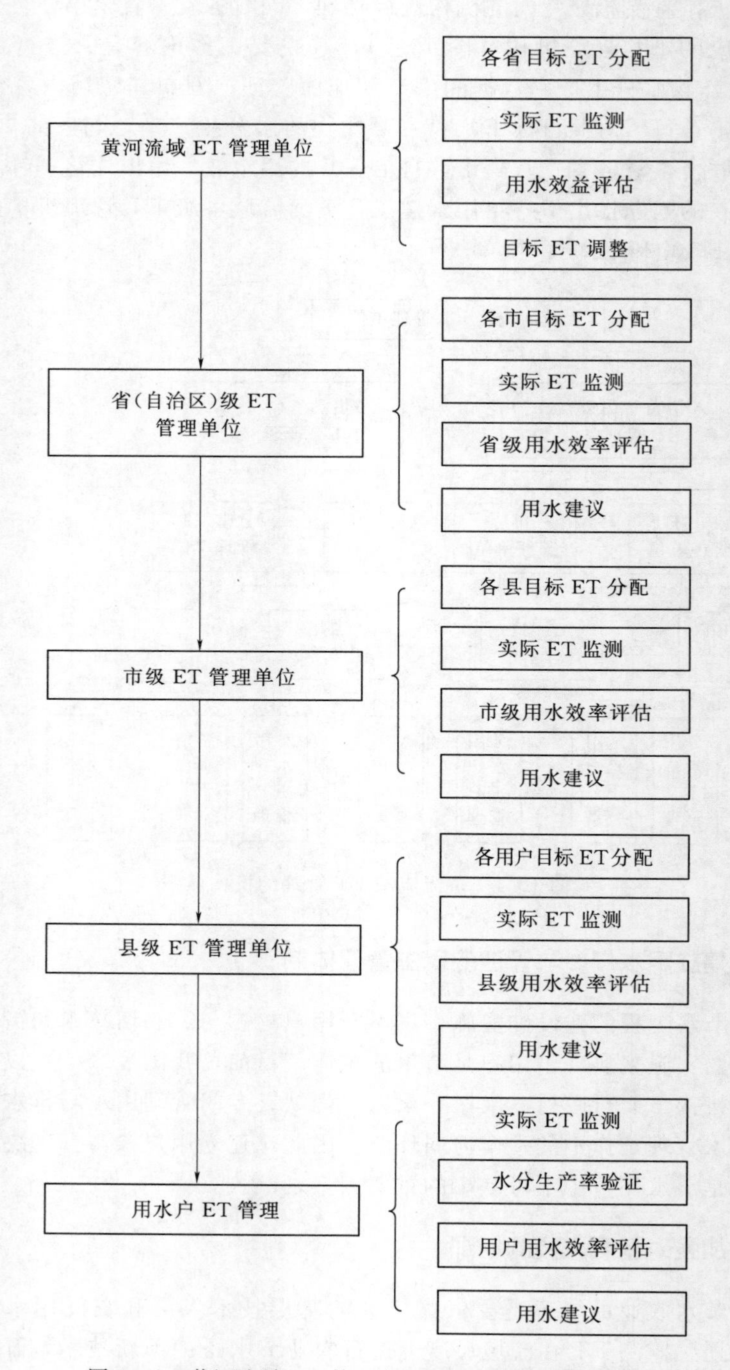

图 10.2　黄河流域 ET 管理各级机构的主要工作内容

学会如何应用遥感监测的ET进行农业“真实”节水；另一方面，通过技术培训让农民掌握农业节水种植技术和科学用水知识和技能。

10.2 建立基于ET的水资源管理组织实施体系

（1）将广义的水资源配置系统纳入流域水资源规划。水资源合理配置是实现水资源可持续利用的重要手段。流域水资源规划应建立面向经济生态系统的广义水资源配置体系，即在传统水资源调配的基础上，不仅仅配置地表水或径流水，而将配置水源拓展到降水、地表水、地下水和土壤水，以满足经济社会和生态用水的需求。只有把握各个用水户在各个环节的供水、用水和耗水过程，才能制定相应的对策，尽量减少供水、用水过程中的无效消耗，最大限度地实现节水目标。广义的水资源配置及管理体系框架如图10.3所示。

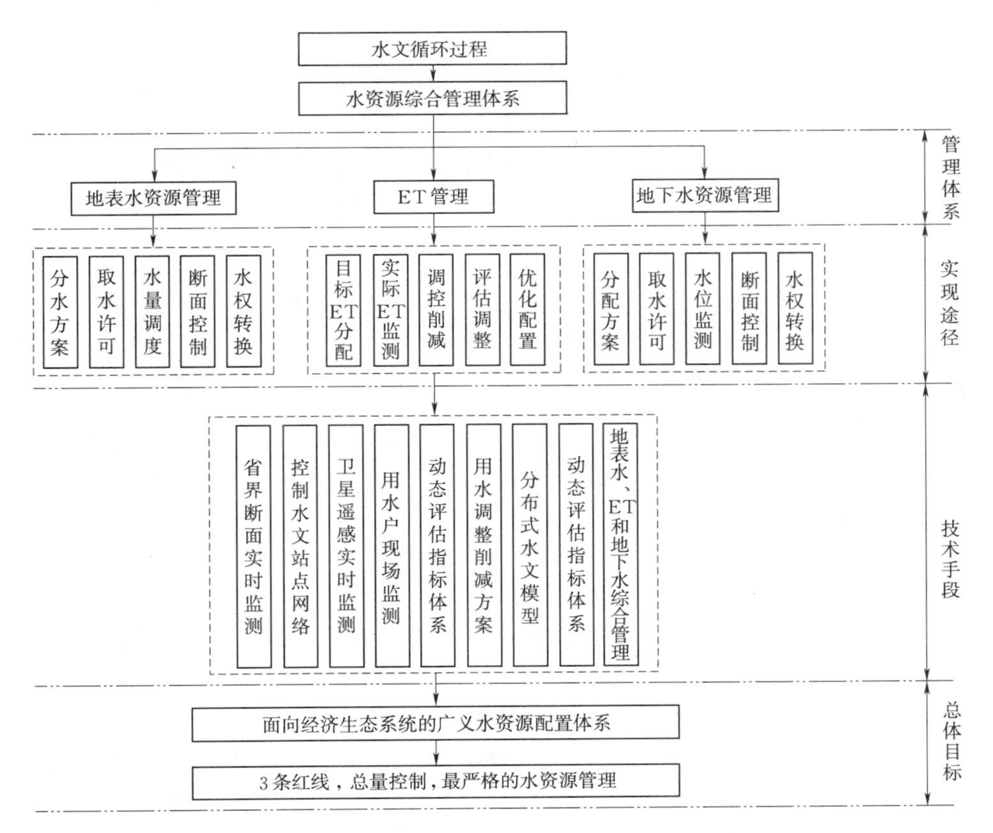

图10.3 黄河流域广义水资源配置及管理体系框架

（2）完善主要跨省河流省界断面水量监测站网。为了有效实现“ET耗水”管理，掌握流域各省（区）的来水、去水情况，尤其是跨省河流，更需要相应的监测站点，并利用现有水文传输网络，实时监测信息，为水资源的调度和水量分配（ET 分配）提供依据。对已有控制工程或有水文实测站点的，应对其监测的出入境水量数据进行监测和实时公布，让相关省市了解其上下游、左右岸的用水情况；对没有控制工程或没有水文站点的，应结合河道治理，分期分批增设水文站点。

（3）建立基于 ET 的监测评价指标体系。为科学评价各地区的用水效率、节水效果等情况，须建立一套统一的监测评价指标体系（图 10.4），主要包括以下内容：

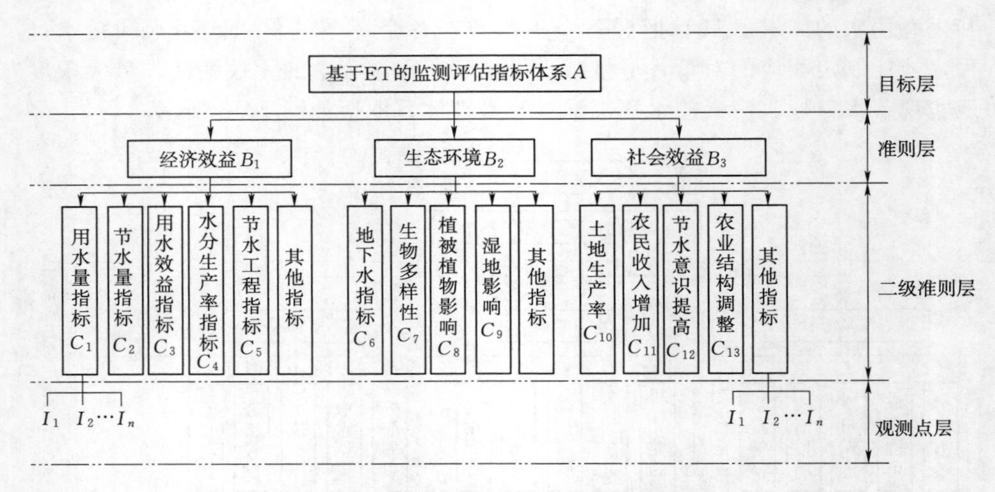

图 10.4　基于 ET 的监测评估指标体系

1）用水量指标：用水总量、农业用水总量、生态用水总量、工业用水总量、生活用水总量、单位面积灌溉用水量、单位面积的 ET、万元农业产值耗水量、万元工业产值耗水量等。

2）节水量指标：采用节水措施前后该地区农业用水总量或灌溉用水总量实际减少值（用 ET 表示）。

3）用水效率指标：渠道水利用系数、渠系水利用系数、田间水利用系数、灌溉水利用系数、旱作农业中的天然降水有效利用系数等。

4）水分生产率指标：单位水量生产农产品数量（粮食、蔬菜、水果等）、单位水量创造农业产值、单位水量产生的纯利润、单位水量创造的工业产值等。

5）节水工程实物量指标：已建成的防渗渠道总长度、渠道防渗率、已建成的输水管道总长度、单位灌溉面积平均占有的输水管道长度、已建成的喷灌工程面积、微灌工程面积、单位灌溉面积畦块数等。

6）田间高效用水技术措施推广面积：以非工程措施为主的高效用水技术

推广面积，如农作物控制灌溉技术应用面积，大田旱作物非充分灌溉技术应用面积，抗旱注水播种保苗技术应用面积，旱作农业技术推广面积等。

7）生态环境指标：采用节水综合措施后，对地下水水位、水质变化的影响；采用地下水回灌措施回补地下水的效果；对农田田间小气候的影响，对天然林草植被、人工林草地、湿地本身及生物多样性的影响；对江河湖泊、河口滩涂海域等的影响；对土壤次生盐碱化的影响等。

8）社会效益指标：对减少农田水利建设与管理用工、减轻农民劳动强度、改善农民劳动条件、提高劳动生产率的影响；对提高土地利用率、提高肥料有效利用率的影响；促进农业结构调整，增加农民收入的作用；促进农业机械化、推动农业现代化的作用；对农村水利建设与管理体制与机制改革的影响；节约下来的水转移到工业、城镇等其他行业、领域产生的间接效益分析等。

10.3　加大对节水建设的资金投入

（1）把节水高效农业建设列为重点，国家在资金投入上给予扶持。为了提高灌溉水的利用率，必须进行以节水为中心的灌区续建配套和技术改造，为此，需要投入大量的资金。从调查资料可知，每亩投入约需要300～400元，每节约$1m^3$水约需2～3元。从目前黄河流域的实际情况看，灌溉节水工程光靠农民投入是远远不够的，建议国家和地方政府把节水高效农业建设列为重点，在资金投入上给予扶持。

（2）充分挖掘现有投资潜力，拓宽投资渠道。充分挖掘现有投资潜力，从制度及机制上确保已有资金的高效利用。拓宽投资渠道，多方筹集资金，是对国家投资不足的重要补充，除了继续安排专项基金支持节水农业建设外，建议在水利建设基金中提取一定的比例用于节水农业建设。建立国家、集体、个人等多渠道、多元化的投资体系，按照“谁投资，谁所有，谁管理，谁受益”的原则，吸引多种资金参与节水农业建设。

10.4　采取综合措施做好农业节水

目前，相关农业节水技术有很多，包括农业水资源合理开发利用技术、节水灌溉工程技术、农业节水技术、节水管理技术等。在实际应用中，不同的地区往往偏向于某单项技术，缺乏将这些技术根据各地实际情况的综合应用，影响农业用水效率的提高。考虑到黄河流域各省（直辖市、自治区）经济发展的实际情况，近期在农业节水综合措施上主要有以下几个方面的重点：

（1）继续进行原有灌区的更新改造。黄河流域现有大中型灌区是流域主要的粮食生产基地。这些灌区大都运行了30～50年以上，其中一部分老化失修，还有一部分工程尚不配套；大部分工程标准都不高；有的渠系渗漏严重，地下水位较高，盐碱化灾害明显；还有一部分水资源严重不足，效益衰减。因此，加强灌区节水改造与续建配套，继续加大水权转让工作，改善农业生产条件，提高农业综合生产能力，发展农村经济，促进农业现代化有重要意义。

（2）加强土壤墒情监测，采用适宜的灌溉技术。墒情是农田耕作层土壤含水率的俗称。墒情监测即直接监测农作物当时的土壤水分供给状况，对指导农田适时适量进行节水灌溉具有重要意义。黄河流域目前农业用水采用的灌溉制度主要采用非充分灌溉、调亏灌溉和灌关键水等灌溉制度。建立农田墒情监测及灌溉预警系统，目的是掌握土壤墒情动态变化，宏观上为区域水资源优化利用和政府部门决策提供依据；微观上指导农民科学灌溉，把有限的灌溉水资源用到作物最需要的生长发育阶段，降低ET，提高水的整体利用效率。

（3）选用良种。由于品种的差异，作物水分生产率存在较大的差别。培育抗旱增产品种是现代作物育种的一个新方向，也是提高农业用水效率的不可或缺的举措。选用良种既要考虑产量因素，又要考虑质量因素和市场因素。产量因素是指各种良种所适宜的产量与肥力范围；质量因素是指产品的质量特性，包括营养特性、深加工特性等；市场因素是指市场对于这种产品的需求，如随着饮食结构的变化，面包、方便面、硬质面条等需求量越来越大，这些食品主要是以硬质小麦为原料制造的，所以，引入优质硬质小麦比一般小麦有更好的市场前景。因此，选用良种非常重要，直接影响着农民增产增收目标的实现。

（4）推行秸秆覆盖，减少无效蒸发。降低无效蒸发是提高农业用水效率的重要技术途径。为了减少土壤蒸发，目前在黄河流域比较成熟的技术有秸秆覆盖和地膜覆盖等。考虑到国内生产可降解塑料技术的局限性，大面积推广塑料地膜覆盖造成环境污染，因此以采用秸秆覆盖为佳。

（5）机械蓄水保墒。机械蓄水保墒措施主要有深耕、耙耱、雨后锄耘、少耕和免耕等。深耕是提高土壤调控水分能力和管理农田生态系统的重要措施，一般3～5年深耕一次，增产效果良好；耙耱使耕作层土壤较实、细平，形成一个疏松的覆盖层，减少蒸发；雨后土壤水分无效蒸发消耗速率最大，雨后锄耘可以切断毛细管，减少土壤水分的无效蒸发，提高降水的纳蓄能力；少耕免耕，在小麦收割时留高茬，采用免耕方式来播种玉米，不仅有覆盖保墒作用，而且杂草不易丛生，减少无效蒸腾蒸发。

10.5 合理调整种植结构

种植结构调整是一个非常复杂的问题，受许多因素的制约，根据黄河各地水资源的差异以及土壤、气候、经济发展等特点，以及各地区分配的目标ET，对各地区的种植结构调整提出以下建议：全流域各区域应大幅度压缩水田种植面积；在保证粮食安全的前提下，适当减少灌溉面积；大城市应适度控制城市规模和人口的快速增长。黄河流域山区大力发展集雨水节灌工程，积极推广秸秆覆盖等农业节水措施，结合水土保持建设基本农田，除基本满足口粮和饲料粮外，大力发展生态农业，建立山区生态经济；在现有种植结构的基础上，调整耗水较多的小麦和玉米面积，适度发展耗水较少的棉花、油料、牧草、果树等作物种植面积；流域水资源条件相对较好的地区，亦应适当减少水田面积，在保证粮食安全和节水的前提下，保持小麦和玉米的种植面积，可以适当增加棉花种植面积。

10.6 积极利用多种水源发展农业节水

（1）根据作物的生长机理充分利用降水和土壤水，减少灌溉用水。农业生产耗用的水量由土壤水、地表水和地下水三部分组成，这三部分水均来源于天然降水。降水产生地表径流，入渗地下形成土壤水和地下水，因此，应通过对地表水、土壤水、地下水的合理调控，最大限度地把天然降水转化为农业可用的水源。

（2）积极开发浅层地下水资源，发展井灌，推行井渠结合的灌溉方式。对于黄河流域地下水超采区，严格控制地下水开采；对于地下水有潜力可挖的地区，可以开发浅层地下水，采用井渠结合的灌溉方式。

（3）污水资源化，增加灌溉水源。污水资源化对缓解农业灌溉缺水和治理环境都具有战略意义。对污水进行处理后主要用于城市绿地和农业灌溉。

10.7 工业和生活节水措施

（1）城市水利用应实施“节流优先，治污为本，多渠道开源”战略对策。

1）确保“节流优先”。确保“节流优先”，不仅是基于黄河流域水资源匮乏这一基本水情所应采取的基本对策，也是降低供水投资、减少污水排放、提高用水效率的最合理选择，这也是世界许多国家城市水资源利用所采取的方针。

2）强调“治污为本”。治污包括处理污水和治理污染两层含义，强调“治污为本”是保护供水水源水质，改善水环境的必然要求，也是实现城市水资源与水环境协调发展的根本出路。

3）重视“多渠道开源”。重视“多渠道开源”既是水资源综合利用的需要，也是优化不同水工程投资结构的要求。在加强节水和治污的同时，开发水资源也不容忽视，除了合理开发地表水和地下水等传统水资源外，还应通过工程设施收集和利用雨水，即可减轻雨洪灾害，又可缓解城市水资源紧缺的矛盾。

（2）深化改革，加强城市水市场监管。城市水行业要进一步解放思想、转变观念、深化改革，逐步建立与市场经济体制相适应的投融资及其运营管理体制，实现投资主体多元化、运营主体企业化、运行管理市场化，从而形成市场开放、适度竞争的建设运营格局。

（3）加强管理，努力创建节水型城市。加强城市用水管理，以提高用水效率为核心，以促进城市水系统的良性循环为目标，综合运用行政、经济和技术等各种管理手段，提高城市节水水平，发展节水型工业，创建节水型城市。

10.8　小　　结

针对在黄河流域及项目研究区鄂尔多斯地区，如何实现基于 R－ET 融合的水资源管理的保障措施进行了论述。共从以下七个方面进行了详细的保障措施论述，并提出了具体的实施建议：建立基于 ET 的水资源管理体系；建立基于 ET 的水资源管理组织实施体系；加大对节水建设的资金投放；采取综合措施做好农业节水；合理调整种植结构；积极利用多种水源发展农业节水；工业与生活节水措施。

第11章

结 论 与 展 望

11.1 结　　论

针对黄河流域典型区域目标蒸散发（ET）的确定及配置问题，以黄河流域的兰州至头道拐以及鄂尔多斯为研究区域，开展区域目标蒸散发（ET）的计算确定及优化配置研究，取得的结论如下：

（1）明确了目标 ET 的相关概念，建立了目标 ET 的分项指标体系。对目标 ET 的相关属性进行了论述，包括目标 ET 的有效性、有限性及可控性；明确了目标 ET 的定义和内涵，以及目标 ET 的制定原则，包含水资源利用现状的原则、可持续性原则、高效性原则和公平性原则。对目标 ET 进行了分项指标体系建设：

一级分项根据下垫面条件，可将区域目标 ET 分为灌溉耕地 ET_I、居工地 ET_J、非灌溉耕地 ET_{UI}、林地 ET_F、草地 ET_C、水域 ET_W 和未利用土地 ET_U，其中非灌溉耕地 ET_{UI}、林地 ET_F、草地 ET_C、水域 ET_W 和未利用土地 ET_U 上的人类活动直接干扰很小，可以归为天然 ET_N。

二级分项根据种植结构，可以把灌溉耕地 ET 分为小麦 ET、棉花 ET、玉米 ET、水稻 ET、大豆 ET、谷子 ET 等单类作物 ET。根据用户的不同类型，居工地 ET_J 可以分为生活 ET_L、工业 ET_G、第三产业 ET_S 和城镇生态 ET_E。

三级分项根据水分来源的不同，单种作物 ET 又可分为直接利用降水产生的降水 ET_P 和人工灌溉补水产生的灌溉 ET_I；生活 ET_L 可分为城镇生活 ET_{LU}、农村生活 ET_{LR}。工业 ET 和第三产业 ET 可按照各自内部的行业分类标准来设立三级分项指标。

（2）确定了目标 ET 的计算过程。目标 ET 的计算过程，整个计算过程包括“自上而下、自下而上、评估调整”等 3 个环节：自上而下，即通过流域层级的水资源配置获得合理的区域水资源配置方案集（包括降水量、入境水量、调水量、地下水超采量、出境水量、入海水量等）；自下而上，即以配置方案集为基础，通过区域各分项 ET 的计算得到不同水资源条件下的单元目标 ET；评估调整是根据目标 ET 的制定原则，对不同方案的目标 ET 进行定性或定量评估，给出区域目标 ET 的推荐方案、各类目标 ET 的计算方法及目标 ET 的评估指标体系和方法。

（3）构建了实际ET的计算模型和方法体系。研究了如何利用基于ArcGIS的分布式水文模型SWAT，计算鄂尔多斯地区的水域ET、陆地ET以及耕地ET；基于定额法的城乡居工地ET的计算。对SWAT模型的主要输入数据进行了研究和处理，采用1990—1995年数据进行方法验证。利用分布式水文模型SWAT计算求得的研究区域1990—1995年石嘴山、巴彦高勒、头道拐3个水文站的逐月径流，通过模型计算获得的结果与实测水文站径流值进行比较，对模型进行验证。经过模型计算1990—1999年共计10年的鄂尔多斯实际ET，该区域1990—1999年降水量平均为268mm，区域实际ET包含了天然ET（由陆地ET和水域ET构成）、耕地ET、城乡居工地ET，其中天然ET平均为246mm，耕地ET平均为133mm，城乡居工地ET平均为0.547mm。1990—1999年实际ET的平均值为379.5mm。利用2000—2010年鄂尔多斯地区Terra-MODIS归一化植被指数（NDVI）和地表温度（LST）数据，构建基于地表温度与归一化植被指数的蒸散发（ET）遥感估算模型，经过模型计算，研究区域2001—2010年降水量平均为333.2mm，其中实际ET平均值为378.042mm，城乡居工地ET平均值为9.139mm。2001—2010年研究区域鄂尔多斯的实际ET平均值为387.182mm。

（4）构建了区域目标ET的计算模型和方法体系。确定鄂尔多斯市目标ET计算设定水平年为2015年，降水量取1961—2010年系列的均值(322.8mm)，降水分布取8个水资源三级区单元1961—2010年系列的均值，入境、出境和入海水量根据不同的跨流域调水和超采地下水量组合设定，共设置5个方案进行计算。方案1和当前2010年用水保持一致，过境水根据国家水权分配方案为黄河水引量用7亿m^3，地下水为可开采量的60%（8.88亿m^3），闭流区水量不变（1.75亿m^3）；方案2为扩大黄河水引用量至8亿m^3；方案3为在扩大黄河水引用量的基础上，压采地下水至7亿m^3；方案4为减少黄河水引用量至6亿m^3，同时地下水压采至8亿m^3；方案5为减少黄河水引用量至6亿m^3，同时地下水压采至7亿m^3。经过计算天然目标ET、耕地目标ET和居工地目标ET，方案1综合目标ET为468.79mm；方案2综合目标ET为450.89 mm；方案3综合目标ET为432.95 mm；方案4综合目标ET为406.11 mm，方案5综合目标ET为383.27 mm，方案5为最优方案。

（5）建立了基于R-ET融合的黄河流域水资源管理的模式。基于R-ET融合的黄河流域水资源管理，是发展一种新的水资源管理和调控方法，即在资源性缺水地区，通过对区域ET的监测和控制，减少无效ET，抑制耗水量的不断增长，使每年的耗用水量在各项功能不受损的基础上明显减小。通过以黄

河流域兰州至头道拐区间为研究区域进行分析计算，可知该区域1998年目标ET为485.06亿m^3，而实际ET达556亿m^3，需削减70.94亿m^3；通过分析各分项ET调控的可行性，提出了4种节水方案，引黄河水量从无节水的98.6亿m^3可以削减掉55.64亿m^3，减少至42.96亿m^3。因此，挤占河道内生态环境的用水就会得到一部分偿还，入海水量也会增加，地下水超采的趋势会得到遏制。基于R-ET黄河流域水资源管理更符合实际，有望实现真正的节水，从而促使各区域农业结构调整、节水措施实施、节水意识增强，有利于维持黄河的健康生命。

（6）分析了目标ET的调控重点和措施。在黄河流域的兰州至头道拐、鄂尔多斯、内流区这3个研究区域内，对土壤水资源进行了分析。其中兰州至头道拐区间共形成非径流性土壤水资源318.2亿m^3，土壤水资源占到降水量的74.4%；鄂尔多斯的非径流土壤水资源为155.5亿m^3，占总降水量的54.33%；内流区的非径流土壤水资源为84.4亿m^3，占总降水量的71.20%；50%以上的降水资源转化的土壤水资源，都消耗在了植被蒸腾和土壤蒸发这两个方面。消耗于植被蒸腾的量占土壤水资源总量的4.14%～17.30%，用于植被棵间和难利用土地的土壤蒸发量占土壤水资源总量的82.70%以上，蒸腾量仅为蒸发量的1/5左右。对黄河流域的兰州至头道拐、鄂尔多斯、内流区这3个研究区域内的土壤水资源的无效消耗ET进行结构分析，发现无效消耗ET主要集中于难利用土地、草地和林地上，其无效消耗分别占总无效消耗量的0.20%、10 %和80%以上。根据以上计算，提出了各分项目标ET以及天然目标ET_{Nta}、灌溉耕地目标ET和居工地目标ET的调控重点和措施。

（7）建立了基于遗传算法的目标ET的优化配置模型。采用MATLAB中的遗传算法GA（Genetic Algorithm）的程序，计算了研究区域鄂尔多斯的5种方案的目标ET，目标ET计算设定水平年为2015年。多目标遗传算法（MOGA）将区域目标ET优化配置问题模拟为生物进化问题，将区域目标ET作为一种可分配水资源，在各分项目标ET间进行最优化分配。该问题是个多目标的优化配置问题，根据研究区域鄂尔多斯的实际ET的各分项情况，主要进行天然目标ET_{Nta}、灌溉耕地目标ET_{Ita}、居工地ET_{Jta}之间的分配。根据优化配置的结果，对于研究区域鄂尔多斯，5个方案的灌溉耕地目标ET_{Ita}占到总目标ET_{ta}的36%左右，居工地ET_{Jta}占到20%左右，天然目标ET_{Nta}占到50%左右。

（8）提出了基于R-ET融合的水资源管理的保障措施。本部分内容针对在黄河流域及具体的研究区域鄂尔多斯地区，如何实现基于R-ET融合的水资源管理的保障措施进行了论证。共从以下7个方面进行了详细的保障措施论述，并提出了具体的实施建议：建立基于ET的水资源管理体系；建立基于

ET 的水资源管理组织实施体系；加大对节水建设的资金投放；采取综合措施做好农业节水；合理调整种植结构；积极利用多种水源发展农业节水；工业与生活节水措施。

11.2 展　望

虽然对于黄河流域区域目标蒸散发（ET）的研究中取得了一些进展，但回顾过去的研究过程，整理和汇总取得的研究成果，仍存在以下主要问题：

（1）由于收集和掌握的数据及资料有限，使研究成果具有一定的区域局限性，如果数据资料能扩展得更大，就可以使研究区域扩大，使研究成果在整个黄河流域推广和应用。

（2）由于使用的模型精度水平有限，在短时间内无法对模型进行更深入的改进和完善，使其更符合研究区域的使用条件。当条件许可时，应做相应计算模型修正和完善，明确目标 ET 计算关键技术的操作方法。

下一步的研究计划：

（1）尽可能收集更多的黄河流域资料和数据，对已建立的分项目标 ET、目标 ET 的计算、优化配置的模型进行修正和调整，使其更具有普适性。

（2）尽可能采用遥感技术，能够实时演进和模拟水资源循环的全过程，更直观地显现结果，提高研究成果的可靠性和准确度。

（3）进一步扩大研究区域范畴，将整个黄河流域作为研究区域，进行基于 R－ET 融合的水资源管理模型的研究和探索。

（4）对已完成的目标蒸散发（ET）的相关计算模型进行编程、试运行，对程序进行调整，以利推广。

参 考 文 献

[1] 周婧，程伍群，牛彦群．区域节水灌溉工程节水效果研究 [J]. 水利水电技术，2010，41 (3)：75-77，82.

[2] 雷波，刘钰，许迪．灌区农业灌溉节水潜力估算理论与方法 [J]. 农业工程学报，2011，27 (1)：10-14.

[3] 裴源生，赵勇，张金萍，等．广义水资源高效利用理论与核算 [M]. 黄河水利出版社，2008.

[4] 汤万龙，钟玉秀，吴涤非，等．基于 ET 的水资源管理模式探析 [J]. 中国农村水利水电，2007 (10)：8-10.

[5] Carrow R N. Drought resistance aspects of turf grasses in the south-east：Evaporation and crop coefficients [J]. Crop Sci.，1995，35，1685-1690.

[6] 潘全山，韩建国，王培．五个草地早熟禾品种蒸散量及节水性 [J]. 草地学报，2001，9 (3)：207-212.

[7] 高扬，梁宗锁．不同土壤水分条件下丹参耗水特征与水分利用率的研究 [J]. 西北植物学报，2004，24 (12)：2221-2227.

[8] 毛振华，王林和，张璐，等．不同灌溉量下 3 种地被植物耗水特性的研究 [J]. 内蒙古林业科技，2011，37 (1)：18-22.

[9] 郭长城，刘孟雨，陈素英，等．太行山山前平原农田耗水影响因素与水分利用效率提高的途径 [J]. 中国生态农业学报，2004，12 (3)：55-58.

[10] 刘恩民，张代桥，刘万章，等．鲁西北平原农田耗水规律与测定方法比较 [J]. 水科学进展，2009，20 (2)：190-196.

[11] 宋振伟，张海林，黄晶，等．京郊地区主要农作物需水特征与农田水量平衡分析 [J]. 农业现代化研究，2009，30 (4)：461-465.

[12] 尹志芳，欧阳华，徐兴良，等．拉萨河谷灌丛草原与农田水热平衡及植被水分利用特征 [J]. 地理学报，2009，64 (3)：303-314.

[13] 罗慈兰，叶水根，李黔湘．SWAT 模型在房山区 ET 的模拟研究 [J]. 节水灌溉，2008，10：47-49.

[14] 彭致功，刘钰，许迪，等．基于遥感 ET 数据的区域水资源状况及典型农作物耗水分析 [J]. 灌溉排水学报，2008，27 (6)：6-9.

[15] 刘朝顺，施润和，高炜，等．利用区域遥感 ET 分析山东省地表水分盈亏的研究 [J]. 自然资源学报，2010，25 (11)：1938-1948.

[16] 杨静，王玉萍，王群，等．非充分灌溉的研究进展及展望 [J]. 安徽农业科学，2008，36 (8)：3301-3303.

[17] 郭松年，丁林，王福霞．作物调亏灌溉理论与技术研究进展及发展趋势 [J]. 中国农村水利水电，2009，8：12-16.

[18] 柴强．分根交替灌溉技术的研究进展与展望 [J]. 中国农业科技导报，2010，12

(1): 46-51.

[19] 张水龙，冯平．海河流域地下水资源变化及对生态环境的影响 [J]. 水利水电技术，2003，34 (9)：47-49.

[20] 胡明罡，庞治国，李黔湘．应用遥感监测 ET 技术实现北京市农业用水的可持续管理 [J]. 水利水电技术，2006，37 (5)：103-106.

[21] 梁薇，刘永朝，沈海新．ET 管理在馆陶县水资源分配中的应用 [J]. 海河水利，2007 (4)：52-54.

[22] 赵瑞霞，李娜．基于 ET 管理的水资源供耗分析——以河北省临漳县为例 [J]. 海河水利，2007 (8)：44-46.

[23] 王浩，杨贵羽，贾仰文，等．基于区域 ET 结构的黄河流域土壤水资源消耗效用研究 [J]. 中国科学 (D 辑：地球科学)，2007，37 (12)：1643-1652.

[24] 王晓燕，杨翠巧，谷媛媛，等．基于 ET 技术的水权分配 [J]. 地下水，2008，30 (5)：58-61.

[25] 蒋云钟，赵红莉，甘治国，等．基于蒸腾蒸发量指标的水资源合理配置方法 [J]. 水利学报，2008，39 (6)：720-725.

[26] 殷会娟，张银华，李伟佩，等．基于 ET 的水权转让内涵探析 [J]. 人民黄河，2009，31 (3)：12-13.

[27] 王晶，袁刚，王金梁，等．ET 管理在节水措施中的应用 [J]. 水科学与工程技术，2009 (1)：33-36.

[28] 李京善，苗慧英，王建伟，等．ET 管理在农业用水规划中的应用 [J]. 南水北调与水利科技，2009，7 (3)：74-76.

[29] 王浩，杨贵羽，贾仰文，等．以黄河流域土壤水资源为例说明以"ET 管理"为核心的现代水资源管理的必要性和可行性 [J]. 中国科学 (E 辑：技术科学)

[30] 魏飒，郭永晨，蔡作陆，等．基于 ET 管理的土地整理水资源供需平衡分析——以河北省魏县车往镇基本农田土地整理项目为例 [J]. 中国农村水利水电，2010 (10)：36-38，41.

[31] Tang, Q., 2006. A Distributed Biosphere-Hydrological Model for Continental Scale River Basins [D]. Doctor paper, The University of Tokyo.

[32] Tang, Q., Oki, T., Hu, H., 2006. A distributed biosphere hydrological model (DBHM) for large river basin. Ann. J. Hydraulic Engerring. JSCE 50, 37-42

[33] Yang D, Herath S, Musiake K. Development of a geomorphology-based hydrological model for large catchments. Annual Journal of Hydraulic Engineering, JSCE, 1998, 42: 169-174

[34] Verdin, K.L., Greenlee, S.K., 1996. Development of continental scale sigital elevation models and extraction of hydrographic features. In: Proceedings, Third International Conference/Workshop on Integrating GIS and Environmental Modeling, Santa Fe, New mexic

[35] Pfafstetter, O., 1989. Classification of Hydrographic Basins: Coding Methodology. Unpublished manuseript, Departamento Nacional de Obras de Saneamento, 18 August 1989, Rio de Janeiro.

[36] Siebert, S., Doll, P., Feick, S., Hoogeveen, J., 2005. Global Map of Irrigated

Areas Version 3. 0. Johann Wolfgang Goethe University，Frankfurt am Main，Germany/FAO，Rome，Italy.

[37] Wiegand，C. L.，Richardson，A. J.，Kanemasu，E. T.，1979. Leaf area index estimates for wheat from LANDSAT and their implications for evapotranspiration and crop modeling. Agron. J. 71 (2)，336 - 342

[38] 丁志宏．融合 ET 管理理念的黄河流域水资源综合管理技术体系的构建及其若干问题研究 [D] 天津：天津大学，2011.

[39] 何宏谋，丁志宏，张文鸽．融合 ET 管理理念的黄河流域水资源综合管理技术体系研究 [J]. 水利水电技术，2010，41 (11)：11 - 13.

[40] 王浩，王建华，秦大庸．流域水资源合理配置的研究进展与发展方向 [J]. 水科学进展，2004，15 (1)：123 - 127.

[41] 秦大庸，吕金燕，刘家宏，等．区域目标 ET 的理论与计算方法 [J]. 科学通报，2008，53 (19)：2348 - 2390.

[42] 刘家宏，秦大庸，王明娜，等．区域目标 ET 的理论与计算方法：应用实例 [J]. 中国科学 E 辑：技术科学，2009，39 (2)：318 - 323.

[43] J. Afzal. D. H. Noble. Optimization model for alternative use of different quality irrigation water [J]. Journal of Irrigation and Drainage Engineering，1992 (118)：218 - 228.

[44] T. R. Neelakantan，N. V. Pundarikanthan. Neural neteork - based simulation - optimization model for reservoir operation [J]. Water resource Plan Manage，ASCE，2000，126 (2)：57 - 64.

[45] 雷晓辉，蒋云钟，王浩，等．分布式水文模型 [M]. 北京：中国水利水电出版社，2010.

[46] 刘昌明，郑红星，王中根，等．流域水循环分布式模拟 [M]. 郑州：黄河水利出版社，2006.

[47] 程磊，徐宗学，罗睿，等．SWAT 在干旱半干旱地区的应用——以窟野河流域为例 [J]. 地理研究，2009，28 (1)：65 - 74.

[48] 张超，郑钧，张尚弘，等．ArcGis9. 0 中基于 DEM 的水文信息提取方法 [J]. 水利水电技术，2005，36 (11)：1 - 4.

[49] M. B. Abbott，J. C. Refsgaard. 分布式水文模型 [M]. 郑州：黄河水利出版社，2003.

[50] 余钟波．流域分布式水文学原理及应用 [M]. 北京：科学出版社，2008.

[51] 肖鹏峰，刘顺喜，冯学智，等．基于遥感的土地利用与覆被分类系统评述及代码转换 [J]. 遥感信息，2003 (4)：54 - 58.

[52] 嘎毕日．鄂尔多斯高原土地利用/土地覆被变化及驱动机制研究 [D]. 呼和浩特：内蒙古师范大学，2007.

[53] 黄琳，陈凤娟．桂林草面温度与地面净辐射的相关分析 [J]. 安徽农业科学，2011，29 (27)：16882 - 16884.

[54] 王鸣程，杨胜天，董国涛，等．基于条件温度植被指数 (VTCI) 的中国北方地区土壤水分估算 [J]. 干旱区地理，2012，35 (3)：446 - 455.

[55] 伍秀峰．浅析鄂尔多斯地区气候变化及其对生态环境的影响 [J]. 内蒙古气象，2011 (6)：56 - 59.

[56] Richard Iovanna，Charles Griffiths. Clean water，ecological benefits，and benefits transfer：A work in progress at the U. S. EPA [J]. Ecological Economics，2006 (9)：

473 -482.

[57] 邵东国，刘武艺，张湘隆．灌区水资源高效利用调控理论与技术研究进展［J］. 农业工程学报，2007，23（5）：251－257.

[58] Jiang Ming，Lu Xian－guo，Xu Lin－shu. Flood mitigation benefit of wetland soil－A case study in Momoge National Nature Reserve in China［J］. Ecological Economics，2006（11）：2－7.

[59] 高勇．北京平谷地区地下储水空间雨洪资源利用模式研究［D］. 吉林：吉林大学，2008，78－89.

[60] 张维然，段正梁，曾正强．上海市控制地面沉降灾害的成本效益分析［J］. 同济大学学落报，2003，31（7）：864－868.

[61] 王晶，袁刚，王金梁，等．ET 管理在节水措施中的应用［J］. 水科学与工程技术，2009，1：33－36.

[62] 李京善，苗慧英，王建伟，等．ET 管理在农业用水规划中的应用［J］. 南水北调与水利科技，2009，7（3）：74－76.

[63] 周明，孙树栋．遗传算法原理及应用［M］. 北京：国防工业出版社，2005：130－138.

[64] 陈南祥，李跃鹏，徐晨光．基于多目标遗传算法的水资源优化配置［J］. 水利学报，2006，37（3）：308－313.

[65] 常炳炎，薛松贵，张会言，等．黄河流域水资源合理分配和优化调度［M］. 黄河水利出版社，1998：12－15.

彩图 1　鄂尔多斯市卫星图

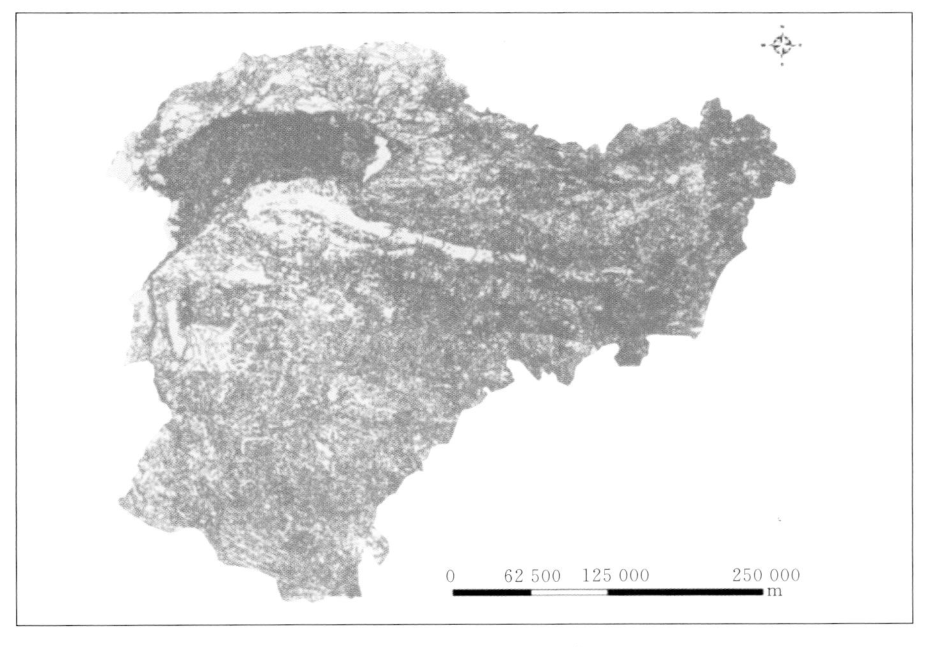

彩图 2　鄂尔多斯市土地利用图

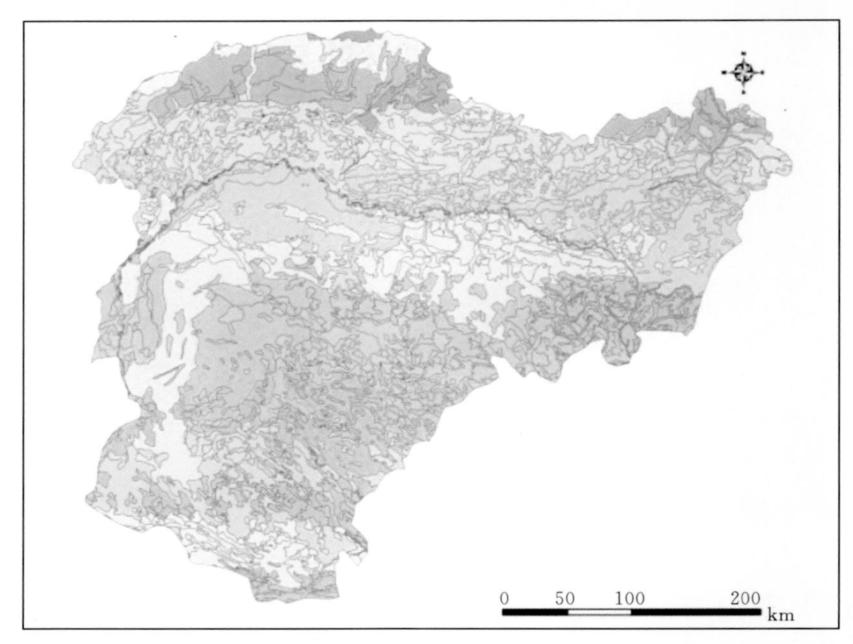

彩图 3　鄂尔多斯市土壤类型图

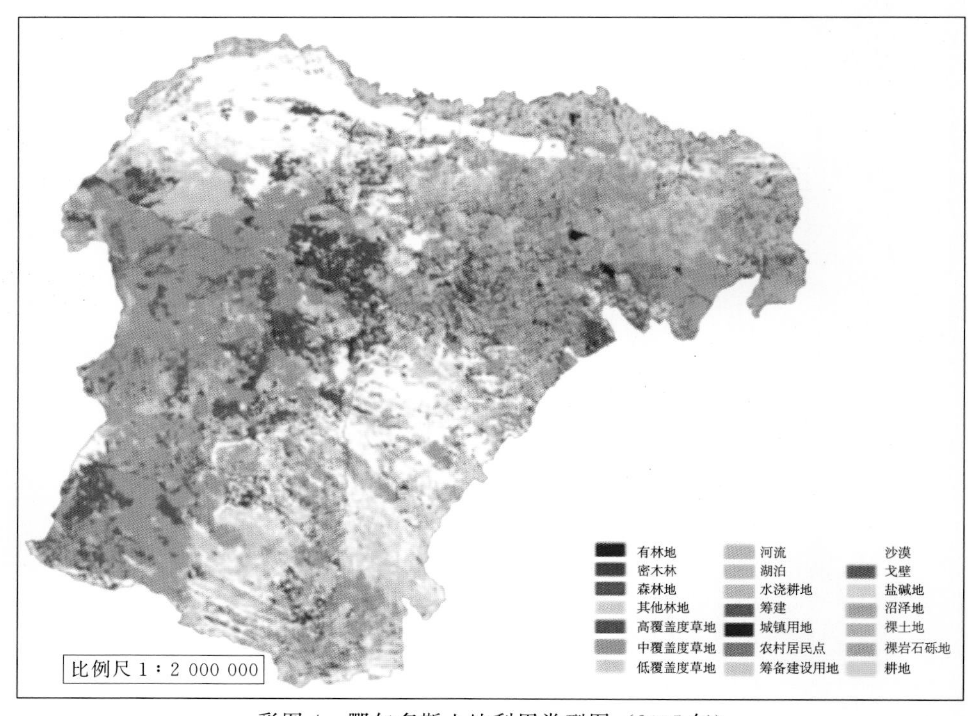

彩图 4　鄂尔多斯土地利用类型图（2005 年）

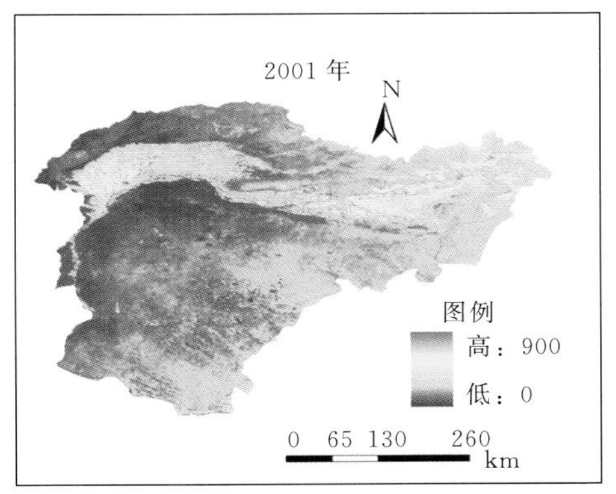

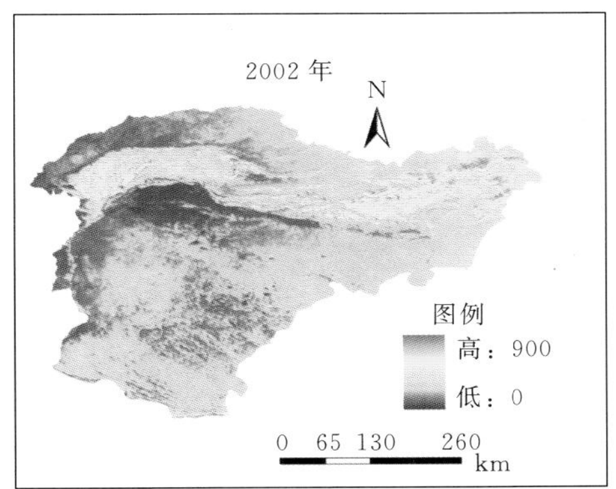

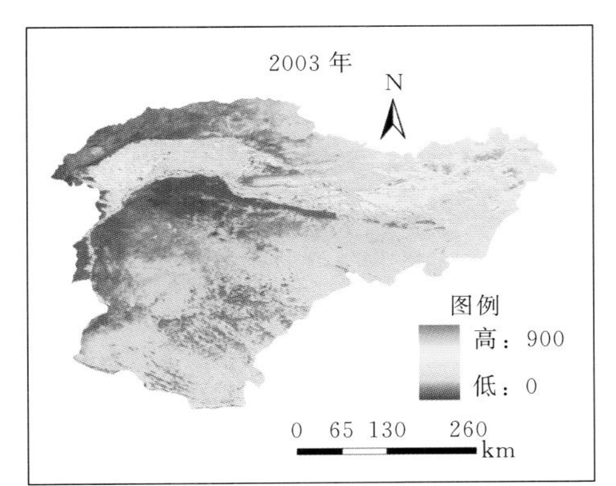

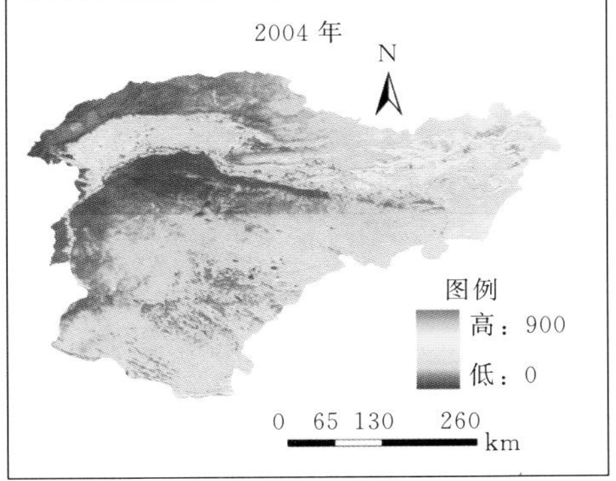

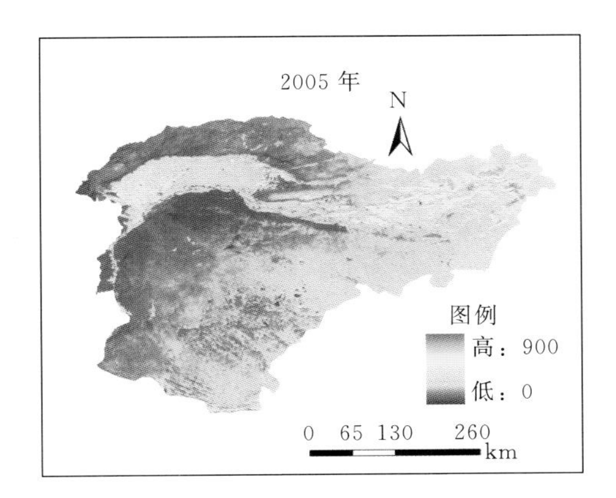

彩图 5　分年度研究区域 ET 计算结果（2001—2005 年）

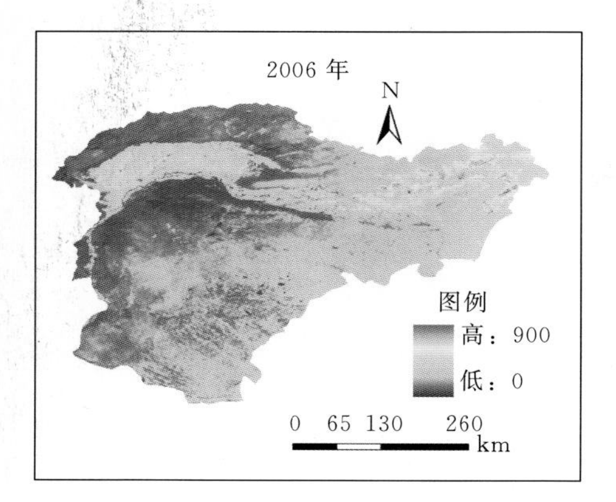

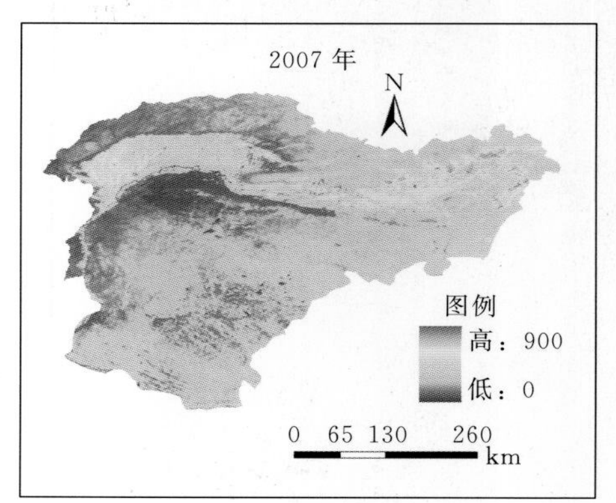

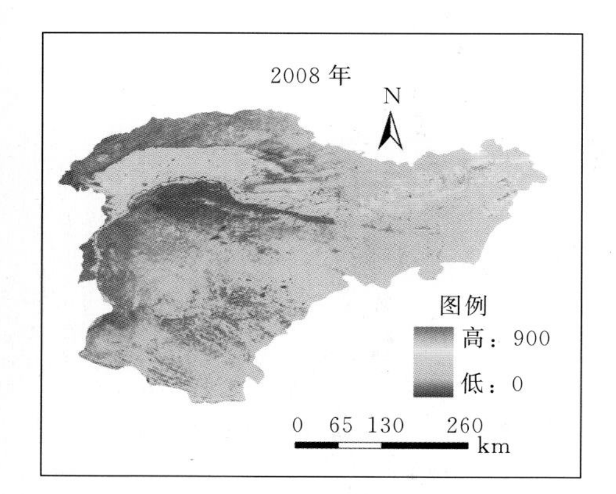

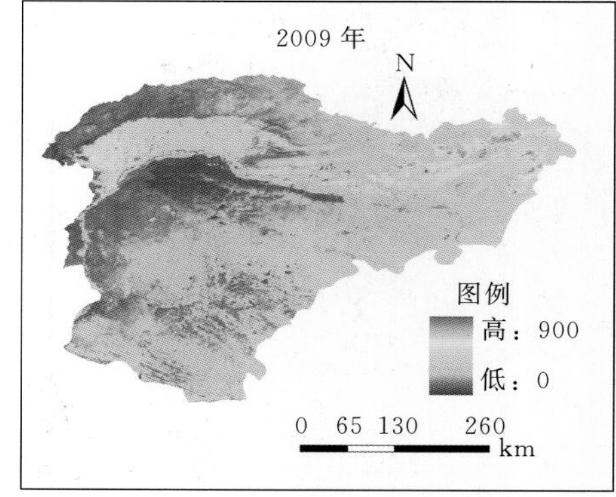

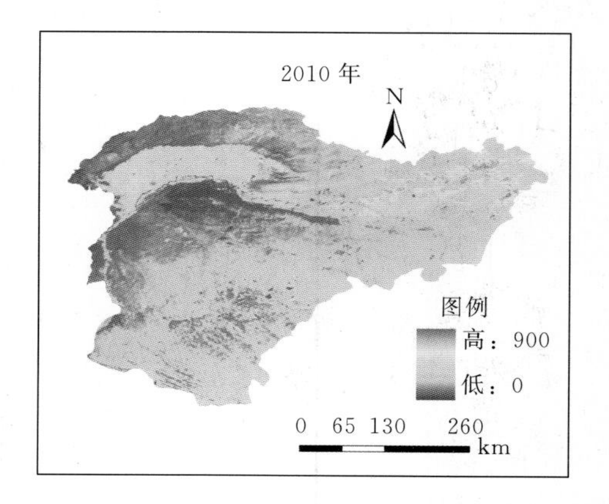

彩图 6　分年度研究区域 ET 计算结果（2006—2010 年）